（居家安全系列）

居家防盗抢应对措施

郭燕　编著

经济科学出版社

图书在版编目（CIP）数据

居家防盗抢应对措施／郭燕编著． －北京：
经济科学出版社，2013.6
（居家安全系列）
ISBN 978 - 7 - 5141 - 3272 - 4

Ⅰ.①居… Ⅱ.①郭… Ⅲ.①防盗 - 基本知识
Ⅳ.①X959

中国版本图书馆 CIP 数据核字（2013）第 074738 号

责任编辑：张　力　李　娅
责任印制：王世伟

居家防盗抢应对措施
（居家安全系列）
郭燕　编著

经济科学出版社出版、发行　新华书店经销
社址：北京市海淀区阜成路甲 28 号　邮编：100142
总编部电话：88191217　发行部电话：88191537
网址：www. esp. com. cn
电子邮件：esp@ esp. com. cn
天猫网店：经济科学出版社旗舰店
网址：http：//jjkxcbs. tmall. com
香河县宏润印刷有限公司印装
710×1000　16 开　11 印张　150000 字
2013 年 8 月第 1 版　2013 年 8 月第 1 次印刷
ISBN 978 - 7 - 5141 - 3272 - 4　定价：27.50 元
（图书出现印装问题，本社负责调换。电话：88191657）

前　言

　　什么是盗窃行为？什么是抢劫行为？抢劫行为如何处罚？盗窃行为如何处罚？单身女性如何防范尾随入室抢劫？如何谨防聋哑人抢夺？哪些物品容易被抢？突然被抢怎么办……

　　现代都市，功利横行，人心浮躁，处处陷阱。一言不合就大打出手；各种伤害防不胜防；无处不在的骗局令你草木皆兵。日常生活中，我们也会碰到盗窃、抢劫之类的情况，比如各种街头骗术、短信电话骗术等，特别是居家老人、孩子，经常会成为陌生人入室盗窃抢劫的目标，所以我们对居家安全要格外留意。

　　另外，针对小区的特点，本书还特别讲述了当小区附近出现陌生人时的处理方法，有陌生人敲门时应该怎么办，发现自家墙上有标记时又该怎么办，等等。

　　本书内容精练，每一条都是经验教训积累的成果，是居民朋友的必备图书。本书通过一些真实的偷盗案例来说明盗贼是如何钻人们的防盗空子的，以此提醒大家加强防范，做到"人防"与"技防"相结合，使盗贼无从下手。

　　本书在编写过程中参考了大量的文献资料，由于时间仓促，其中不乏有不足之处，恳请读者批评指正。

编者

目　录

第一章

门、锁、窗——家庭的卫士

门与锁

窗户的加固与防范攻略

住宅防盗主要针对犯罪分子的作案规律、特点和手段，系统介绍人防、物防、技防等方面的防范技巧和方法。需要强调的是，任何防范措施都不是万能的，居民要结合自己的居住环境、经济条件、作息时间等实际情况灵活掌握和运用。

一、门与锁

（一）门、锁的几种固定方式及其优缺点

1. 单扇暗锁式门。

门板的固定一侧由铰链，另一侧用暗锁，此式门牢固性较强，防盗功能较好。安装此门需要注意的是：锁的一侧门框应盖过门板，避免留下缝隙，以紧密咬合为宜，防止薄片插入捅锁；暗锁周围的门板及门框上最好包以金属皮，并用小铁钉固定，以防削挖门框、门板后捅锁舌或伸手开锁；门上尽量避免装玻璃，防止破、卸玻璃爬入或伸手开锁；最好使用双保险或三保险门锁。

2. 单扇挂锁式门。

门板的固定一侧以铰链或门墩，一侧用挂锁。多见于农村地区。此式门防盗功能较差，表现在：一是挂锁较易于破坏；二是挂锁一般由搭扣等物辅助固定在门框或墙体上，暴露面大，薄弱环节较多；三是一侧以门墩固定的门板易被托卸。

3. 双扇暗锁式门。

锁位于两扇门之间（通常是锁舌和锁盒各处一门），门板两边

以铰链或门墩固定，锁盒所在的门的内侧一般装有上、下插销，分别与上框和地面固定。此门最大的缺点是两扇门依靠较短的锁舌相连，门在外力作用下，向里向外的伸张幅度较大，易被蹬、撞开。

4. 双扇挂锁式门。

挂锁位于两扇门之间，两边以铰链或门墩固定。多见于农村地区。锁的固定方式主要有铁环式和铁闩式两种。铁环式是指双扇门上各设一只铁环，然后将挂锁套住双环锁门，此式除挂锁易于被撬、门易被托卸等缺点外，还因门板活动余地大、门板之间存在较大空隙，从而给盗贼挤门、爬门入室提供便利条件；铁闩式是由铁闩将两扇门联为一体后加锁，牢固性较强，但要注意挂锁防撬质量，尽量配大锁。

5. "顶天立地"式门。

如卷闸门，门、锁的固定点紧贴地面，其优点是门体为金属薄片制成，撬动及开门时易发出较大声响，缺点是门体与地面的连接点较少，咬合程度较差，加上锁位较低，以地面为支点，容易被用力撬开。

（二）对关门上锁的认识误区

1. 防盗门无须保险。

白天外出、夜间睡觉时，关上防盗门后为了图省事就不上保险，以为这样就万事大吉，殊不知这正给盗窃分子技术开锁、捣锁舌入室作案提供了便利条件。

2. 门锁多多益善。

【案例】星期天，老王全家外出郊游。为防止偷盗，在已锁了保险锁的门上又加上一把挂锁，便放心地离开了。郊游回来，却见挂锁被撬，门敞开着……明明挂了锁，可是担心的事情偏偏就这样发生了。

其实，老王错就错在使用的那把挂锁上。因为盗贼作案总是选择无人的场所，用暗锁可使盗贼不知道室内虚实而不敢轻易下手，而"画蛇添足"地另加一把挂锁，就等于告诉盗贼"家中无人"，对方岂有不下手之理？

3. 人在家中不需锁门。

【案例】午饭后，村民马老太邀几位妇女在正房旁的厨房间搓麻将，因考虑人未离家而没有锁房门，结果待"围城"结束，马老太傻了眼：儿子新房被盗贼翻了个遍，马老太顿时捶胸顿足，后悔不已……

在农村，一些村民认为本地区社会治安一向很好，存在盲目乐观、麻痹侥幸心理。有的人在房子里间，而将包放在堂屋，或将放钱的衣裤挂在外间；有的夏日午睡，认为人未离屋，不需关门；有的人在房前屋后劳作或到邻居家串门、打牌，认为离家不远，时间不长，不需锁门……这些都给盗贼留下了作案的空间。

4. 锁了院门无须再锁房门。

有的居民依赖院墙，外出或晚上睡觉时只锁院门，而将房门洞开，或将房门钥匙插在锁孔内，致使盗贼翻墙入室轻易偷盗成功。其实，院墙既是防盗的屏障，也是盗窃行为的遮挡。由于院墙本身

具有可攀性，所以对院墙可以依靠，但不能依赖，可以利用，但切不可"重用"。

【案例】一日凌晨，某地发生了一起特大抢劫案件：2名歹徒爬墙后轻易进入一农户的二楼房间（钥匙插在锁孔内）进行盗窃时，惊醒熟睡的事主，丧心病狂的犯罪分子采用刀砍、棍击等手段打伤该户男女老幼8人后逃跑。此案虽经公安机关全力侦破，在36小时内人赃俱获，但歹徒给被害人造成的人身及精神上的伤害却永远无法消除。

通常，人们采用加固加高、架设刺网或插入碎玻璃片等方式提高围墙的防盗功能。同时，注意不要在围墙边堆放预制板、砖瓦等建筑材料，不在紧靠围墙的部位栽树或搭建低矮房屋，防止给盗贼提供攀缘物。

5. 厨房门无关紧要。

在农村地区，不少村民认为厨房内没有值钱的东西可偷，平时经常洞开其门。殊不知，厨房内的油、米、煤气灶等生活用品本身就是盗贼侵袭的目标。此外，厨房内的菜刀等物还常被盗贼作为撬盗、行凶的工具。因此，对厨房门同样不能掉以轻心。

（三）门的加固与防范的有效方法

1. 消除防范误区，时刻保持高度警惕，避免因人为过错给盗贼实施犯罪提供有利条件而遭受损失。

（1）自觉配合小区的管理。爱护小区内的各种防盗设施，出入公共防盗门要随手关门，不将公共防盗门的钥匙借给朋友，不随便为陌生人员开启防盗门。

（2）加固门窗。尽量安装防盗门、窗，门上最好装"猫眼"，遇到有人敲门时，可先看清对方，再决定是否开门。

（3）经常检查锁的功能是否失灵，如不用钥匙能否拉开锁键，用其他钥匙或小刀等工具能否开锁等。

（4）白天外出和夜晚睡觉前，将防盗门保险到位，以增强抗撬能力，并防止盗贼采用技术手段开锁。

（5）搞好邻里关系。探亲访友、旅游观光等外出时间较长时，除锁好门窗、家中不留现金外，应请邻居多加关照，及时清理插在门上的宣传品、小广告，不要让人从外观上看出家中无人。

（6）串门及在房前屋后活动时应注意锁门，防止溜门盗窃。

（7）当街坊、邻居发生火灾等紧急情况需要前往救助时，应随手关门、锁门，防止盗贼"趁火打劫"。

（8）醉酒易使人的判断力丧失和自卫能力严重减弱，常常成为被侵害的对象。因此，平时应尽量控制饮酒。外出饮酒过量应请亲友护送回家，并请帮忙锁好家门。

（9）在门、窗等进出口处安装报警设施，或在卧室门、通道门等处悬挂风铃，晚上睡觉前还可放置一些易碰响的小物件，如金属盆、锅，一旦有人侵入即能起到报警作用。某地曾发生一起玩具报警捉贼的趣闻：一名盗贼携作案工具潜入一户人家准备作案时，手臂突然碰响主人家的一只音乐玩具。盗贼惊慌失措，还未及跨出门

槛，即被逮住。

（10）白天、晚上睡觉时，听到室内有响声，切莫主观猜测是狗、猫、鼠类作祟。应提高警惕，不动声色地探明情况。当确认系盗贼作案时，应沉着冷静，采取积极有效的措施，或视情报警，或喊人相助，堵门"捉鳖"，这样才能保证自身安全。切勿对其低三下四、委曲求全，否则只能助长其嚣张气焰。

（11）家中开商店或超市，夜间除关好门窗外，还应将钱柜及高档烟酒等商品搬入楼上或里间的卧室。

平时营业时，贵重小商品应放在柜台里并锁好。钱箱应放在顾客手不能及的地方，没有生意时可将箱盖关好。将顾客挑选后暂不购买的贵重商品及时放回货架、柜台。货架之间过道要畅通，货物不要堆放过高，以免挡住视线。独自一人在店内营业时，要防止盗贼结伙以分别看货等伎俩分散你的注意力，乘机偷钱、偷物或"调包"；需到里间或楼上仓库取货时，应找人代为照看。

女贼往往选择备有简易试衣间的服装店下手。作案手段主要是乘"试衣"之机，凭借门帘的遮挡，将挂在门旁的衣服塞进随身携带的包内。在试衣"失败"后，若无其事地离开。

超市或商场开架售货，应设存包处，并有人员看管。

在超市，最容易被偷的商品是几十元一瓶的洗化用品、百元左右的高档内衣、电动玩具等。这些物品基本上都是体积小、价格高、便于携带。

超市如何识盗？偷东西的人与买东西的人有明显的不同。顾客进超市都是一般只看商品不看人，而小偷进超市是伸着脖子四处看人却从不看商品；通常，顾客买东西常常拿着商品比较来比较去，而小偷拿商品一不看价格，二不挑拣，拿了就走；一般人拿商品都是握着或捧着，而小偷都是反拿着，为的是便于往口袋里塞；常人提着东西都是往人多处走，而小偷净往人少处钻，这样好乘机往衣服里装。

【案例】某市曾破获一个几乎全部由亲戚组成的专门盗窃超市商品的多人盗窃团伙。在一年多的时间里，他们曾在多地偷到价值超过 10 万元的商品，其中一部分通过自开的商店销售。她们一般都是结伙作案，在"一线"偷窃的几乎全是妇女，偷窃的物品多是一些价格贵、体积小、易出售的日用品。每次行动一般都经过事先计划，选择一些人流大、没有闭路电视监控的超市。每次出门"干活"，她们都会精心打扮一番，穿上时髦的衣服。作案时严格分工，有人下手，有人掩护，有人望风，有人接应。她们趁人不备时，或将商品放入特制的口袋中，或夹在宽松的衣服里带出超市，交给在外接应的人，然后重新进入超市继续盗窃，直到装满编织袋为止。每次的"收获"从 2000 元到 5000 元不等。据她们交代，一年多来，她们总共被超市抓住过十余次，但只有一次被扭送到公安派出所，其余都是罚款了事。因为一般商场超市处理的方法都是"偷一罚十"，交钱放人。有时她们没钱，就被保安打一顿。因此她们去偷东西时，都会带一些钱，放在门外接应人的身上，一旦出事，就由接应的人进去交钱赎人。超市不愿将小偷送到公安派出所处理，

主要是怕拿不到"罚款"，有时则是怕麻烦。这种做法助长了盗贼的贪婪和冒险，给超市的安全带来恶性循环的负面作用。

超市加强防盗刻不容缓。平时，店家要擦亮眼睛，既不能随意怀疑，也不能放过偷窃者。当发现可疑人员时，可将其请进办公室或其他不公开场所进行查问，不能当场解决的可到当地公安派出所处理，切忌对消费者进行搜身、殴打、脱衣等不法侵害，防止因侵权而走上被告席。

目前，许多超市采用监控录像等技术方法加强管理和防范，既避免了员工太多，给消费者造成"兵临城下"的感觉，又能对偷窃行为准确地取证，效果较为理想。

由于超市进货频繁，现金流动量较大，不少盗贼将目光盯在存放现金的超市办公室或宿舍，应引起业主的高度重视。

【案例】2011 年 5 月 10 日晚些时候，几名女性犯罪嫌疑人（年龄皆为三四十岁，外地口音，其中一人抱小孩）来到某超市，其中 3 人以问价格的方法吸引店员的注意力，另一人窜至超市二楼房间，盗窃 19000 元现金及金项链、金耳环、金戒指等物，价值 32000 余元。警方经一个多月的研判、追踪，终在某地下室将她们一网打尽。

（12）新婚家庭一般购置了新潮电器、金银饰品，要谨防盗贼循门窗上的红"喜"字而入室作案。

（13）双职工家庭在夫妻双方不能错开上班时间的情况下，最好请老年人到家中一起生活，这样既可以直接尽些儿女的赡养义务和孝心，又可以让老人为你照看家庭，以减少和缩短家中无人的空当时间。

（14）教会少儿防范。

一是告诫孩子保管好钥匙，防止丢失或被窃、被骗；二是不向外人提供家庭内部信息；三是一人在家时要锁好防盗门，遇有陌生人敲门找父母或自称送货、维修、抄水电表时，除非父母早有交代，应让来人隔日再来，切不可轻易让陌生人入室。为了壮胆，可将室内电灯、电视机打开或在门外放置父母鞋子等物，以示家中有人，给犯罪分子造成错觉；四是教会孩子拨打"110"，以便一旦遇有盗情、火情等险情时能够正确报警求助，免遭伤害。

由于小孩身单力薄，与犯罪分子相比，力量悬殊太大，因此，不应鼓励和提倡孩子与犯罪分子硬拼硬斗，平时应教给孩子智避、智取的方法。

【案例】某市曾发生一件9岁儿童智擒盗贼的事。这天上午，9岁学生王锐一人在家看电视时，忽然发现一名陌生男子翻越邻居家阳台进了屋。王锐想，肯定是偷东西的坏蛋，他突然想到学校老师曾讲过，遇到坏蛋要智擒。于是，他悄悄出了家门，一溜烟跑到爷爷家，将情况告诉大人们。村民们立即行动起来，不一会儿就将盗贼围在家里，来了个"瓮中捉鳖"。经过查证，犯罪嫌疑人刘某是贵州人，前一天窜至本市一连盗窃3起。当日上午，当其贼手伸至第四户人家时，想不到栽在9岁的"小鬼"手里。

（15）提醒老人作好防范。

【案例】年逾古稀的曹某独居一室，平时足不出户。一天中午，曹某听到敲门声即开门，迎进一个年约30岁的男青年。该人自称是医生，受厂退休办托委上门为退休人员服务，为老人免费治疗，曹某便不存戒心。来人问曹某哪儿不舒服，曹某说腰疼。来人立即帮曹某脱去衣裤鞋袜，扶其上床，让其脸朝墙壁躺下，用曹家茶杯等物为其"拔火罐"。同时对曹某说，自己还要到另一家就诊，等会儿来起罐，随之离去。几分钟后，曹某的女儿回来见父亲躺在床上，不觉生疑，后来问清原委才知道上当。曹某回过神儿来，急忙打开抽屉一看，发现数百元现金不见了……

老年人因反应迟钝、容易轻信别人而成为犯罪分子的侵袭对象，做子女的平时也不能过分依仗老年人而委以防范重任，对独居一处的老年父母要经常探望，提醒其注意安全防范。

（16）农忙季节，农村家家户户、男女老少忙于收获耕种，村庄人迹稀少。加上白天、晚上连续劳作，劳动强度大，休息后，睡得比较深沉，对一般声响不易觉察，这给盗贼乘隙作案提供了一定的条件。因此，农忙时节，农民朋友要高度警觉，注意防范。白天离家外出时要锁好门、关好窗，有条件的家庭尽量请老人看门。家中尽量不存放大额现金及金银饰物等贵重物品，大额现金应存入银行，少量现金可随身携带。夜间睡觉前要仔细检查门窗的锁、关闭状态，做到万无一失。

（17）重视对拾荒、乞讨等流动人员的防范。

有的拾荒者在拾荒、乞讨中趁人不备顺手牵羊；有的拾荒者借拾荒、乞讨之名白天踩点、晚上作案。还有少数外来人员以油漆工、木工等职业为掩护，在做工的同时选择作案目标，摸清事主的经济状况、活动规律等情况后伺机作案；而一些事主为贪图便宜而引"狼"入室，连来人的身份及暂住地都一概不问、一无所知，导致被盗后无法提供具体的破案线索。

对这些流动人员要倍加警惕。遇到他们在住宅周围转悠，应主动询问其来踪去处，以便打发其离开。对言语支吾、漏洞百出、形迹可疑的人应及时报警，或直接扭送到当地派出所，由民警进行盘查。居民选择外来人员帮工时，事先除应了解其技艺外，还应掌握其身份、查清其有无固定住处和已居住的时间、品行等情况。

（18）邻居家或本住宅楼及附近发生盗案后，应提高警惕，引起重视；自己家被盗后，要针对薄弱环节及时采取相应的补救措施，防止盗贼杀"回马枪"。

【案例1】某市曾成功破获一起入室抢劫杀人案。犯罪嫌疑人刘某的交代发人深省。刘某在某饭店做厨师，一天下午，该店女店主不小心将一串钥匙遗落在吧台内，人却外出了。刘某感到发财的机会到了，便偷偷配制钥匙后放回原处，对此，女店主毫无觉察。此后，刘某用偷配的钥匙先后3次打开店主的家门，盗窃现金1.5万余元。3次盗窃成功为刘某壮了胆。一日凌晨2时许，当刘某再次潜入店主家盗窃时，恰遇店主回家。刘某躲了一阵后想溜走，此时看到了店主平时装钱的包，当刘某上前拎包时，店主被惊醒，大喊

"抓小偷"，刘某狗急跳墙，将店主杀死。

从这一案例可以看出，店主在两方面存在防范漏洞：一是钥匙保管不慎，使犯罪分子有机可乘；二是家中连续被盗后，未能引起重视，采取及时换锁等补救措施，以致最终付出了生命的代价。

【案例2】老李家连续失窃现金，警方经勘查现场分析系犯罪分子开锁入室作案。因缺乏线索，一时难以破案。老李灵机一动，便在自己家里安装监视摄像机，又在餐桌上放了数百元现金。几天后，小偷终于出现，原来是一个远房亲戚。

2. 利用技术手段防范。即使用安全防范技术产品和实体防范设施预防盗窃侵害。

（1）防盗门。

随着社会的发展、进步和居民生活水平的提高，人们的住房条件得到了很大的改善。与此同时，各种各样的防盗门作为一道道安全屏障，越来越被人们重视和采用。然而在现实生活中，装有防盗门的居民住宅被盗现象屡屡发生。人们不禁要问：防盗门为什么不防盗？问题的症结在哪里？

一是防盗门存在质量问题。在防盗门的生产大军中，个体业主占有很大的比例，他们大多生产设备落后，工艺水平较低，同时为了最大限度地追求利润，粗制滥造，产品质量无从保证。一些建筑商为了降低成本，也往往选用质劣价低的防盗门，给防盗安全带来隐患。

二是居民的防范意识有待于进一步提高。有的居民在安装了防盗门后滋长了麻痹心理，认为安了防盗门就能"吓"住小偷，感到万事大吉。平时上班、外出及晚上睡觉锁门时没有将防盗门上保险或保险不到位，因而导致被盗。

那么，如何充分发挥防盗门的作用呢？

第一，要正确选购防盗门。

国家质量技术监督局颁布并实施的《防盗安全门通用技术条件》，对防盗门生产的技术要求作了具体规定。如：门框的制作钢板厚度不小于2毫米；钢门框上的锁孔与锁舌（闩）的最大配合间隙不大于3毫米；门扇与门框的搭接宽度不小于8毫米，门扇与门框配合活动间隔不大于4毫米；门扇与地平面的缝隙不大于5毫米；栅栏式防盗安全门水平或垂直方向的栅栏间隔不大于60毫米，单个栅栏最大面积不应超过250毫米×60毫米；栅栏式防盗安全门安装锁具的钢制面板厚塵不小于4毫米，其沿门扇高度方向的最小尺寸不小于300毫米；门铰链应能支撑住门体重量，门在开启90°过程中，门体不应产生倾斜，门铰链轴线不应产生大于2毫米的位移。

防盗门的生产厂家必须具备公安部安全防范技术测试中心出具的"检验报告"和省、市、自治区公安厅（局）颁发的安全技术防范产品"生产登记批准书"，销售商家应具备本地市级公安机关颁发的"准销证"。一般来说，根据要求制造的单扇防盗门，其价格应在1000元以上。

目前，许多名牌防盗门在设计制作上除了使外观更具观赏性外，结构更加合理，安全更有保障。如：门板、门框经优质钢板机

压成型，门框上设有加强保护边，起到全方位的防撬作用；扇门内部使用高强度骨架，增强门的抗冲击能力；使用多个锁点或全方位锁点，轻轻关门，锁点即可自动上锁；在钥匙的设计上改变了常规的齿状结构，采用不可复制的多角度牙花设计，密钥量高达数亿，互开率几乎为零。不少种类的防盗门还采用 AB 锁具，装潢人员使用 A 钥匙施工，房主入住时用 B 钥匙轻轻转动几圈即可使锁芯发生机械变化，A 钥匙即失效，使防盗门更安全、可靠。

第二，增强防范意识，正确使用防盗门。

如果说，优质合格的防盗门为人们的防盗提供了物质保障，那么居民的防范意识则是充分发挥防盗作用的思想保证。说到底，居家安全最终是靠人而不是靠一扇门。如果我们在思想上放松警惕、掉以轻心，那么再好的防盗门也会失去它应有的防盗作用。为防止防盗门被轻易打开或撬开，平时应特别注意以下几点：

一是锁门时应注意将门锁保险到位。目前市场上的防盗门锁以三保险为主，抗撬能力较理想。锁门时只有将锁舌伸到位，才能充分发挥防盗门的抗撬性能，延缓或阻止犯罪分子入室作案。

二是无论白天还是夜晚，即使有人在家也要锁好防盗门。

某地查获两名白天入室盗窃、抢劫的犯罪分子，其作案手段主要是事先伸手打开没有保险的栅栏式防盗门，然后以撬捣木门、按门铃或敲门、骗开房门等手段侵入室内进行作案。有的事主在打开木门时猝不及防，遭到劫财、劫色，甚至成为犯罪的牺牲品。有的居民认为晚上人睡在家中，盗贼没有胆量作案，从而忽视防盗门的保险，这样极易遭到盗窃等犯罪的侵害。

目前，不少住房开发商在各单元门口安装"楼宇对讲防盗门"，以实现访客和住户对讲。住户可遥控开启防盗门，有效地防止陌生人进入住宅楼内。

现在的开发商，为了提高住宅安全性，还会安装指纹门禁系统。它主要是根据人手指纹的唯一性特点，应用指纹特征处理技术，通过光电扫描和计算机图像处理技术，对指纹进行采集、分析和对比，从而迅速、准确、自动地鉴别出个人身份。

（2）报警器。

报警器的作用在于：当犯罪分子入侵住宅时，能及时探测并发出报警信号，引起事主和他人的警惕，有效地阻止犯罪行为的得逞。有的犯罪分子正在作案时突遇报警声，吓得魂飞魄散，狼狈逃窜；有的则被事主和群众当场抓获。因此，利用报警器防盗越来越受到人们的重视。

可选择以下几种类型的住宅防盗报警器。

一是开关探测器。

开关探测器具有断、通两种状态，通常以通路表示警戒状态、断路表示报警状态。安装时，可用0.1毫米漆包线盘绕在防范目标上，如门、窗或电器上。细丝两端接入信道至报警控制器，即处于警戒状态，有人撬开门、窗进入或搬动电器设备时，漆包线即断开报警。这种探测器性能可靠，价格低廉。

另一种为磁开关，它由永久磁铁和舌簧管两部分组成。通常将

永久磁铁安装在活动的门、窗上，舌簧管安装在固定的门、窗框上。当门、窗关闭时，磁铁和舌簧管相互靠近，在永久磁铁的作用下，舌簧管的两片簧片触点产生异性磁极，靠这种异性磁极间的相互吸引，触点接通，处于警戒状态。一旦有人打开门、窗，永久磁铁与舌簧管分离，簧片磁性消失，靠簧片的弹力将两片簧片触点断开，产生报警信号。磁开关探测器体积小，价格便宜，使用寿命长，可靠性好，因而得到广泛应用。

安装使用时要注意：第一点是磁铁和舌簧管间的吸合距离，即两者相距多远时，舌簧管仍可吸合，是磁开关的重要指标。一般要求所购产品的吸合距离应远大于门、窗和框之间的距离，以保证磁开关的工作正常。目前市场上的产品吸合距离从零点几厘米到几厘米不等，选用时要注意。第二点是安装在金属门（如铝合金门、铁门）和木门上的磁开关不同，不能将木门的磁开关装在金属门上，反之亦然，否则会失效。

二是电动式振动探测器。

由于振动而引起探测器内永久磁铁和线圈之间的相对运动，在线圈中产生感应电流，触发报警器。

安装、使用时要注意：第一点是必须将探测器牢固地连接在被测物体上，如保险柜等；第二点是安装位置尽可能远离振动源，如机械设备等，以减少误报警。

三是玻璃破碎声探测器。

其原理是：玻璃破碎时发出 10～15 千赫的声响，经声电传感器变换成电信号，再经放大器的放大，触发报警器报警。

安装、使用时要注意：第一点是探测器的安装位置应尽量靠近或正对警戒目标，保护两个以上目标时，探测器要居中安装；第二点是探测器应远离门铃、电话机安装，以减少由此引起的误报警。

四是超声波探测器。

当人体侵入并在防范区间移动时，能够响应移动人体反射的超声波，并进入报警状态。

超声波在室内经过固定物体（如墙壁、家具等）多次反射，布满了室内各个角落，形成一个稳定的超声波场分布。当有人入侵移动时，由于人体对超声波的反射、吸收，超声波场即会产生变化，从而触发报警器。超声波型探测器是目前运用得最多的一种，适用于各种不同形状的房间，且安装方便、灵活，较灵敏。需要注意的是，在小昆虫多的地方不宜采用。

五是主动红外探测器。

由红外发射器和红外接收器两部分组成。工作原理是红外发射器发出一束被调制的红外光束，被红外接收器接收，形成一条由红外光束组成的警戒线，当人体侵入并遮挡这条红外光束时，接收器即发出报警信号。优点是主动红外探测器发射的光束在红外波段，处于不可见范围，便于隐蔽，且体积小，寿命长，调整较为方便。使用时应保持光学镜头的清洁。

六是被动红外探测器。

被动红外探测器是探测入侵人体和背景（防范区域内的墙体、

地面、家具等）之间红外辐射的变化，并进入报警状态的装置。

工作原理是利用多棱透镜和多棱反射镜，把外界的红外辐射折射或反射到红外传感器上，形成一个多层、多束的探测带。当有人入侵时，沿探测带的垂直方向移动，探测器接收到的辐射变化率最大，此时探测器的灵敏度最高。为了得到最大的灵敏度，在安装时应注意使探测器的探测带与可能入侵的方向相垂直。

七是无线防盗电话报警系统。

这种电话报警系统是专为民用研制的。当主人外出或入睡后，系统处于防盗状态，如有盗贼从门窗入内，电话主机便自动拨打三组预定的传呼警情传呼号及代表盗窃警情的特定数字代码通知主人。拨出后，主机就会发出刺耳的警报声，既吓退盗贼，也使四邻警觉。该系统还可与小区报警中心联网，有警情时附近的保安人员可及时赶到。此外，当家人遇到险情时，只要按一下随身的紧急求助按钮，无论主人身在何处都会得知情况，同时电话也会发出警报。这种被称为"窃贼克星"的无线防盗电话报警系统已在南京等地居民小区推广使用。

一种叫"粘贴地毯"的防盗产品，在试验阶段便有明显的效果。一家杂货店连续3天被盗贼光顾，为擒拿小偷，该店打烊后在店内铺上防盗粘贴地毯。凌晨时分，一名少年窃贼用工具破坏店铺大门，一进入店铺，双脚便被防盗地毯牢牢地黏住，动弹不得，最终被警方拘捕。

3. 选择好锁具，保管好钥匙。

（1）锁具的选择。

锁是一种使用面广、量大的日常生活用品。在家庭中，小到柜子大到房门都离不开它。锁的种类很多，总的可分为挂锁和固定锁两种。按其结构不同又可分为广锁、弹子锁、页片锁、号码锁、磁锁、电子锁等，按其使用功能还可分为抽屉锁、门锁、自行车锁等。

目前，市场上锁具质量参差不齐，据某省技术监督局公布的产品质量监督检查结果表明，某锁厂被抽检的 20 把锁具中，竟有 16 把可以互开。某市某商场更出现了开锁"奇迹"：该商场一营业员放在存物柜里的衣物被盗，事后其他营业员也纷纷反映，一把钥匙可以开好几把锁，用发夹也可将锁打开……一位师傅经对柜门锁进行检查，随便挑出 4 把钥匙，竟打开了 544 把锁。

因此，购买锁具应尽量到正规商场或专营商店选择名优产品，切勿因省钱心理或应付态度为了省区区几元钱而购买劣质锁具。

由于制作工艺的限制，锁具允许有一定的互开率。就市场上使用较多的 4 个弹子、4 个孔数的弹子家具锁来说，互开率不应大于 1.58％，即同批次的 100 把钥匙能同时打开的锁应不超过两把。基于这一工艺特点，正规的锁厂一般对同批次产品分地区投放市场，以减少互开率。而一些个体小厂商由于工艺及产品数量的限制，根本无法达到上述质量要求。

选购时，应根据需要和用途选择相应规格的产品。一般来说，门锁宜用三保险锁，其中一字锁、十字锁等安全性能较低，月牙锁、指纹锁等安全性能较高，窃贼不易打开。而挂锁则多用于箱、

包及存放一般物品的橱、柜。就锁的本质而言，保险锁是防"小人"之器，而挂锁（尤其是小挂锁）则是防"君子"之具。选购时，除例行检查锁具的开启状况、灵活程度（如钥匙插拔畅通、开关灵活自如）外，还应用此锁钥匙试验能否打开同类产品的其他锁具。一般来说，钥匙齿的起伏变化以多一点儿的为好，太平常的易与其他钥匙雷同而造成互开。

（2）钥匙的保管。

"一把钥匙开一把锁"，说明了钥匙的特殊性和重要性。钥匙是"拥有"的象征，对居民来说，钥匙一旦被盗贼据有，则等于失却了财富。

【案例】一段时间内，居民朱某家连续发生怪事：装在衣服口袋内的现金经常在夜间不翼而飞，而门窗完好，无破坏痕迹。这样的事前后共发生六七次，被盗现金计1000余元。直到一天夜晚，民警在巡逻时抓获一名入室盗窃的犯罪嫌疑人，才解开朱家被盗之谜。据犯罪嫌疑人郭某交代，他是在偷配了朱某家的钥匙后，趁朱家人熟睡之机开锁入室行窃的。

现实生活中存在着几种危险的存放钥匙的方式。

一是锁孔内留钥匙。有的人回到家习惯把钥匙插在锁孔里，或将挂锁连同钥匙一起放在桌上、窗台上等显眼处，这些做法都不符合防盗要求。当你陶醉在迷人的音乐声中，或忙碌于琐碎的家务事时，你的钥匙就存在被人偷去仿制的可能。有的家庭甚至长期将钥匙插在卧室门的锁孔内，使门锁形同虚设，失去了门锁及钥匙的防盗功能，给盗贼长驱直入提供了便利的条件。

二是狗洞里藏钥匙。某日，居民老张家被盗现金等物。经警方勘查现场后分析，盗贼系用钥匙开锁入室。当技侦人员问张家钥匙的存放保管情况时，老张悔恨地叹道："错就错在不该图省事，把钥匙放在狗洞里。"现实生活中，在一些地区，将钥匙藏匿在狗洞、窗台、厨房（有的不锁门）、砖堆中的家庭不在少数，他们总认为这些藏放地点隐蔽且取用方便，殊不知久而久之难免被人发现。放者无意，见者却是有心的。

三是颈项上挂钥匙。目前，我国"三位一体"的家庭模式最为普遍。父母大多有职业，不同的作息时间决定了许多孩子必须有一把属于自己的钥匙。家长们发现，将钥匙挂在孩子的颈项上不易丢失，且便于使用，因而出现一大批"颈项挂钥匙的孩子"。然而，"颈项挂钥匙"易给犯罪分子骗取或盗取钥匙进行盗窃以可乘之机。《中国法制报》曾报道某地连续发生 3 起双职工家庭被盗窃的案件，但现场均未发现撬锁破门的痕迹。后经公安机关细致的侦查，发现犯罪嫌疑人赵某先后 3 次以"教踢足球"为名，骗取 3 个颈项挂钥匙的孩子的信任，取得孩子的钥匙，然后到摊点配制。随后，又从小孩口中将其住址、父母上下班时间及家中摆设问得一清二楚。最后，犯罪分子趁隙用钥匙开锁，入室盗窃。

四是工具箱里、办公桌上放钥匙。

【案例】某日，王女士发现家中活期存单失窃，便匆忙到银行挂失。由于存单上未留密码、印鉴，2400 元存款已被人冒领。民警

接到报案后迅速调来当日监控录像，发现慌慌张张来取款的是一男青年，经王女士辨认，取款人竟是本车间的同事张某。经讯问，张某交代了趁王女士上厕所的时候复制其工具箱上的钥匙，并于次日到王家盗窃的犯罪事实。

现实生活中，像王女士那样习惯（或因一时疏忽）将钥匙放在工具箱里、办公桌上的情形大有人在，给同事或有关人员伺机窃取或复制钥匙后进行盗窃创造了便利条件，所以对此必须引起足够的重视。

（3）钥匙的保管防范攻略。

一是钥匙最好随身携带。可把钥匙串在钥匙圈上、固定在皮带上，养成随用随取、用后还原的好习惯，避免乱放或丢失钥匙。

当钥匙遗忘在家中或门锁一时无法开启时，可与家人联系或向"110"求助。有些城市的"110"为做到"有求必应"，专门物色了一些素质过硬的专业锁匠，配合民警为市民服务。最好不要叫街头锁匠帮忙，防止"引狼入室"。目前，一些城市开始出现开锁公司，这些公司经公安机关批准开业，能为居民提供无后顾之忧的优质服务。一般情况下，只要能出示身份证明或得到物业及周围邻居的身份确认，他们就可为你服务。

二是无论在家还是在单位，不要将钥匙插在门、柜以及抽屉的锁孔内。

三是不轻易请人代为保管钥匙，防止偷配或在代保管环节出现漏洞。在住房装潢过程中，为施工方便，木工、瓦工、油漆工等人员往往使用、接触钥匙，在装潢完毕后，为安全起见，不妨重新换锁；安装防盗门的，可将 A 钥匙交施工人员，房主入住后启用 B 钥匙，使 A 钥匙自动失效。

四是钥匙丢后即换锁。丢失钥匙不仅给生活带来不便，也给居室安全带来隐患，不少人丢钥匙后习惯重新配制，这是错误的做法。尤其是对突然失踪后又莫名其妙地返回到原来摆放位置的钥匙，切不可掉以轻心继续使用。需要指出的是，钥匙丢失后应慎写启事，防止盗贼"按图索骥"。

【案例】村民欧阳家的钥匙不慎丢失，为找回钥匙，欧阳在村中心的树上贴出"寻物启事"，留下了详细的地址及姓名，并表示将对拾到钥匙归还者表示感谢。几天过后，并没有人送钥匙上门，欧阳只好上街重新配齐钥匙。一天，欧阳及家人外出，回家后发现房间物品被翻动，箱子里的 9000 元现金被偷走，而箱上的锁完好无损，欧阳想起那则贴出去的寻钥匙启事，后悔万分。

五是小孩携带钥匙最好放在书包的夹层内或有纽扣的口袋里，挂在颈部时应将挂绳和钥匙塞进衣服内，这样既能确保钥匙的隐蔽性，又能防止丢失钥匙。

六是慎借钥匙圈。为便于使用和保管，人们习惯将剪、钳等物和钥匙一起串在钥匙圈上。当有人向你借用小剪刀、指甲剪时，最好慎重，因为这是不法分子获取钥匙的重要途径，且其了解你的家庭情况。但这并不是说，当别人向你借用剪、钳类工具时，你都要一概回绝。事实上这样做会影响与他人的关系，引起不必

要的误解。你可以视情对待：一是当面使用，用后即还；二是单独卸下剪、钳类工具供对方使用；三是对不信任的人予以婉言回绝，可以说"没有指甲剪"或"钥匙圈不在身边"等。总之，无论采用何种方式，其目的都是不让心怀叵测的人取得复制钥匙的机会。

4. 利用动物防范。

有些动物因长时间和主人生活在一起而通人性。古往今来，社会上曾流传着许多动物报警防范、捉贼的感人故事。

【案例1】一李姓农民养了一只羊，起名"花花"。多年来，花花跟主人形影不离。一天深夜，一名盗贼爬墙来到李家院内，花花发现后，使用犄角、蹄子连连拍打屋门，向主人报警。李老汉起床看到花花正与一黑影搏斗，盗贼被花花尖硬的羊角顶得"哇哇"大叫……

【案例2】一刘姓人家养着一只老猫，已有11岁，嘴里牙齿只剩下4颗。别看它年老，它可特别精灵锐敏。一天凌晨时分，小偷爬进刘家厨房，被老猫发现。老猫当时并未惊动小偷，而是悄悄回到屋里，跳上床用爪子把刘妻挠醒。睡梦中的刘妻两眼一睁，"腾"地坐起来，感到奇怪。这时老猫跳下地，领着刘妻朝厨房走去，只见一人已将窗户撬开。刘妻顺手从地上取物朝那人头部猛地砸去。只听小偷"哎哟"一声，抱头跳下楼去，摔倒在地上不能动弹，当即被人们捉住。

在现实生活中，"猫捉贼"的例子毕竟少有，人们更多的是养狗辅助防范。

（1）养犬防范。这是我国民间最古老的防范手段之一。

《筱竹听琴》曾记载一则"犬捕"的故事。有户人家濒湖而居，在一间窝棚里养了一头牛和一条狗。一天晚上，主人睡着了，有个盗贼摸进窝棚，准备偷牛。狗见状冲出窝棚，跑到主人的房前大声吠叫，并不停地用头撞门。等到主人起来探视，盗贼已不见踪影，主人便斥骂狗胡乱狂叫，吵得一家人无法入睡，并用鞭子将其狠抽一顿，然后自顾去睡了。

一切平静下来后，那贼又摸进了窝棚，将牛牵走，一直牵到大团镇。狗悄悄地尾随其后，一直跟到镇里。天亮了，主人起床，见窝棚空空如也，大惊失色，可惜既失去了牛，又跑掉了狗。正在泪水涟涟时，狗回来了，狂吠不止，并作牵牛状。主人明白了狗的意思，便跟着狗一路直奔大团镇。到了镇上，狗又领着主人穿街过巷，七拐八拐地来到一户人家门口。狗用头击开门板，引主人进去。院子里，那条丢失的牛正在待斩。主人二话不说，将偷牛者绑送官府，交官处置。

用犬防范主要是基于犬的两大特点：一是嗅、听觉灵敏。犬的感觉器官中以嗅觉器官最为灵敏，人是靠视觉来确认和熟悉万物，而犬则是靠嗅觉。犬的嗅觉能力比人高得多，主要是由于犬的鼻腔内覆盖的嗅觉黏膜面积有160平方厘米，而人仅5平方厘米，犬的嗅觉细胞有2.2亿个，嗅觉比人敏感100万倍。此外，犬的鼻尖有分泌物，从而能更有效地保留物体的气味。犬对动物

的气味非常敏感，能闻到距它四五百米远的人的气味，能嗅辨200多万种气味。犬的听力是人的4～16倍，能听到20米以外的低音，音域是人的2倍；犬耳能确定音源的方向，听力不会因休息和睡眠而停止；犬的耳朵像雷达一样在不断地转动，一旦有情况，它会立即作出反应。二是犬对主人忠诚。犬与主人相处一段时间后，会建立起纯真深厚的感情，善解人意，忠心耿耿，对主人有强烈的保护心。当主人受到伤害或攻击时，会拼死相助，奋不顾身。犬对主人还有绝对服从的精神，一旦主人下令，它会奋勇当先，竭尽全力完成任务。无论白天还是夜晚，犬对陌生人会发出吠声，引起主人的警觉；同时，犬有较强的扑咬能力，对入侵者毫不客气，令其畏惧。

在此必须提醒的是：养犬应遵守本地区有关管理规定，为防止伤害好人，减少或消除传染病的发生，应注意作好对犬的调教、驯养，并定期注射狂犬疫苗。

（2）养鹅报警防范。

鹅为水禽，性勇敢，喜斗。鹅的脖子长，叫起来响亮，遇到陌生人的时候会叫个不停。常张开双翅，用嘴啄击陌生人而无所顾忌。

欧洲流传着一只鹅救了一座城市的故事。某年某夜敌人前来偷袭，不料惊动了一户人家的一只鹅，这只鹅大声鸣叫，惊醒了城市的居民，大家齐心协力终于击退了敌人。根据这个故事，人们便在城中建立了一座纪念碑，碑上立着一只引颈张翅正在大叫的鹅。

由于鹅的灵敏，所以世上既有警犬、警鼠，也有"警鹅"。瑞典南部的波嘉监狱，有 10 只充当狱警的肥鹅。它们终日在监狱四周游荡，如果发现有囚犯越狱，这些鹅便会大叫，招呼全副武装的狱警赶来捉拿。由于它们从不瞌睡，也不会要求放假和补贴，所以狱警对它们非常满意。我国农村地区养鹅的人家非常多，农家在院落中养鹅既是一种副业，也可起到报警防范的作用。

二、窗户的加固与防范攻略

如前所述，窗户是盗贼入户作案的主要进出口之一。不少事主重视了门、锁的防范，却忽视了窗户的防范，仍不可避免地成为盗窃犯罪的受害者，其教训是颇为深刻的。

（一）涉窗盗窃案件的主要特点

一是作案时间以夜晚为主。重点时段在人们熟睡的凌晨 1～3 时。从季节上看，涉窗盗窃案件是夏季多发性案件。因为在夏季，开窗通风是居民消暑的重要方法。尤其是没有空调的住户，因天气炎热，上半夜难以入睡，而下半夜睡眠较沉，盗贼作案易于得逞。

二是袭击目标以平房和楼房的低层住户为主。但随着作案手段多样化，盗贼对作案目标的选择也并非局限于低层住户。有的盗贼爬上楼顶后再从水管滑下或用绳索系下翻窗，也有的攀缘自

来水、煤气及下水管道、空调机架、底楼防盗窗、树木、雨棚、院墙等物体，从阳台、厨房及卫生间翻窗入室。

（二）涉窗盗窃案件较多的原因

一是部分居民安全意识不强，存在"重门轻窗"思想。近年来，由于居民重视了房门的安全，已普遍使用防盗门，而窗户作为住宅通风透光的装置，安全因素则相对考虑较少。有的居民白天上班、外出或夜晚睡觉不将窗户关严插好；有的没有加护铁栅栏；有的住户认为楼上比较安全，夜晚不关厨房、卫生间和阳台窗户是普遍现象。

二是一些住宅的辅助设计不合理，便于盗贼攀爬作案。目前，建筑商对住宅的二楼以上的窗户一般不设窗栅，有的围墙顶、车栅顶紧靠二楼阳台或厨房、卫生间；有的下水管道、煤气管道沿墙角铺设；有的窗口与门锁的间距很小……这些都给犯罪分子攀爬翻窗或从窗口伸手开锁提供了着力点和便利条件。

三是由于窗的部位一般较门偏僻，目标较小，无论白天还是黑夜从窗侵入作案，在很大程度上比破坏房门被人发现的可能性小。这也是盗贼从窗侵入作案的重要原因。

（三）涉窗盗窃作案的主要方式

一是翻窗入室盗窃。即通过破坏窗条、栅栏、玻璃等障碍物或以直接爬窗的方式进入室内进行盗窃。

二是窗外直接盗窃。即用手或借助于竹竿等物伸入窗内直接偷取、钓取钱物。

三是从窗口伸手打开锁，进门作案。

（四）涉窗盗案的防范攻略

1. 提高窗体质量。

建房时最好采用钢质窗框，窗用铁条的直径应在 12 毫米以上。如果窗框是木质的或水泥的，窗条与窗框之间的衔接要长些，同时加焊数根横条，以提高窗条的抗撬能力。安装窗栅栏，并注意将固定螺母打毛或焊牢，以防整体拆卸；窗户与门锁间距较小的必须安装防护窗网，或配备保险门锁，防止从窗口伸手开锁。

住宅安装铝合金窗、封闭阳台非常流行。它具有美观的优点，但也有防范上的不足，主要是一些铝合金窗的内锁质量不过关，防盗性能较差，易于撬拨。所以，在装铝合金窗、用铝合金封闭阳台时，要注意选择料厚、质好的材料，内锁要坚固，在外出或夜间睡觉时，要关好窗，锁好内锁；居住低层或易于攀爬的楼层，要加装铁栅栏或采取其他防范措施。

目前，塑钢材料的运用也非常普遍，它的主要优势是保温、隔热。为防伪劣产品，购买时应注意以下问题：

一是合格的塑钢材料均为锌合金，外加喷塑，外观豪华精致，月牙锁有保险装置；而劣质月牙锁为镀锌塑料制品，易损坏。

二是优质塑钢门窗外形尺寸精确，焊角平，不错位；而劣质产

品则相反，甚至有假焊现象。

三是塑钢门窗的衬钢在型材中腔，采用的是 1.2 毫米以上的镀锌衬钢；而劣质的塑钢门窗采用的是薄铁皮，强度差，对此可用磁铁测试法进行鉴别。

2. 白天无人在家时，要注意关好窗户，插好内锁，拉上窗帘；晚上睡在楼上时，应注意楼下窗户的关、插。睡在底楼的居民应注意别将衣裤脱在窗边，以防盗贼利用工具"钓"得钱财或钥匙。

3. 有些住宅楼的厨房、卫生间窗口靠近楼道的通风窗口，为防止盗贼从楼道窗口爬入厨房、卫生间，应对相应部位窗口进行防护处理。有的住户的阳台、窗户与邻居家的阳台或窗户近在咫尺，为防止窃贼从邻居家翻入，应给阳台或窗户安装防护网。

4. 有的住宅楼楼顶伸出的屋檐较窄，且距下方住户窗口较近。住在顶层的居民也应安装窗栅栏，防止盗贼利用天窗上楼顶后，用绳索系下翻窗入室作案。

5. 采取防攀爬辅助措施。

一是阳台绿化防攀爬。为了防止盗贼爬上阳台入室盗窃，可以利用外阳台的有利条件，实施阳台绿化，既让它给家庭增添绿色，美化环境，又使它成为一道"绿色防线"。具体做法是：在阳台护栏平顶部位摆放大小花盆（应注意其稳固性，防止因刮风等原因掉落，砸伤行人），使盗贼难以逾越，若碰落花盆，着地的响声，也会吓跑盗贼或惊醒户主。

二是安装"防爬刺"防攀爬。某派出所因地制宜，自制"防爬刺"，有效地遏制了攀爬盗窃案件的发生。

（1）基本结构。

"防爬刺"由选材为钢圆的 3 根主架、130 根钢刺和与墙体、煤气管道或下水管道相固定的"底座"焊接而成。主架的长短、弯曲程度和造型可根据楼房墙体攀爬的位置活动余地的大小设计，其中每根钢刺由钢锉磨削，形似针状，针尖锋利暴露在外，钢刺的间距可根据犯罪分子易踏脚的位置和角度设计，要求做到不给攀爬者有伸手、立足之地。

（2）材料选择。

根据钢材的强度和攀爬者的拉力试验，可选用有韧性、弯而不断、抗破坏性的钢圆，一般主架直径为 12 毫米；钢刺的直径为 6 毫米，长度为 60 厘米、50 厘米或 40 厘米；底座可根据"防爬刺"的重量的大小选用高约 15 厘米、厚约 0.5 厘米的钢板。

（3）安装方法。

对在小偷攀爬的必经之路，一楼、二楼之间的下水管道或煤气管道上，将"防爬刺"的凹面向下，用膨胀螺丝固定在墙体上，并将外露的螺杆丝口磨平破坏，使之无法拆卸。

（4）相关设计。

本着有效美观的原则，可将防爬刺漆成绿色，安装使用后，仿佛一个盆景嵌套在墙体上，与楼房的建筑交相呼应，使之既漂亮又实用。"防爬刺"的成本价约为 60 元。

三是落水管上涂黄油防攀爬。攀爬落水管入室盗窃案件一度在

某地频发，当地派出所在住宅楼落水管上涂抹工厂废弃的黄油，有效地遏止了此类案件的发生。

（五）安装防盗窗栅栏可能引发的法律问题

【案例】王某和张某住在同一幢楼房同一单元的上下层。为了防盗，住在一层的张某在其阳台及窗户上安装了外置式防盗网。王某以防盗网已对王家的防盗安全构成威胁为由，要求张某拆除；而张某则认为自己有权在自家的住房上安装防盗网，对王某的要求予以拒绝。一天，盗贼攀爬张家安装的防盗网，进入王家作案，造成数千元的经济损失。事后，愤怒的王某将张某推上了被告席。

在现实生活中，类似的事情并不鲜见，此案具有一定的代表性。我国民法通则第83条规定：不动产的相邻各方，应当按照有利生产、方便生活、团结互助、公平合理的精神，正确处理各种相邻关系。给相邻方造成妨碍或者损失的，应当停止侵害，排除妨碍，赔偿损失。在本案中，张某安装防盗网是为了自家的防盗需要，但也在客观上给住在二层的王家带来了安全隐患，可以认定，王家被盗与张家安装外置式防盗网之间存在着一定的因果关系，是引起盗窃造成损失的次要原因。总之，张家与王家之间存在着相邻的防范关系，张某的行为侵犯了王家的相邻防范权，所以王某有权要求张某拆除外置式防盗网，并赔偿部分经济损失。

其实，楼上、楼下住户之间的防范矛盾也不是不可避免的。作为底层住户，应为楼上住户着想，尽量安装内置式防盗网；如因晾晒物品的需要必须选择外置式防盗网时，可将窗网上边制成倾斜式，这样可使盗贼无从立足攀登。而作为楼上住户，应及时对楼下安装防盗网提出合理建议和要求，必要时也应视情安装，绝不能对潜在的隐患视而不见或抱侥幸态度，从而造成财产的损失甚至人员的伤亡。

第二章

车辆防盗有窍门

怎样防止自行车被盗

电动车如何防盗

怎样防止摩托车被盗

怎样防止汽车被盗

偷车贼最"青睐"哪种车型

一、怎样防止自行车被盗

据统计，全国每年被盗的自行车超过某些自行车厂全年生产的总量，特别是在城镇，丢车现象更是司空见惯。那么，是否有一些行之有效的方法防止自行车被盗呢？当然有，以下是我的建议。

1. 让自行车保持整洁完整。

不少人认为，把自行车弄得破破烂烂、脏兮兮就不容易丢了。其实，这是一个误区，越是破的车越容易丢失。这其中的道理很简单，小偷会认为偷了这种车，车主也不会太心疼，自然很少追究。再说，这种车极有可能是"黑车"，即使丢了，车主也只能自认倒霉。

2. 自行车不要随处乱放。

随处乱放的车，特别是一些新型、高档的名牌自行车，即使装了再好的车锁，也会被盗。例如，有些车主白天喜欢把自行车放置在住宅门口，以为白天人多，而且停放时间不长。却不料，在很短的时间内，爱车却不翼而飞。尤其在午休时或晚间就餐时间，更是自行车丢失的高发时段。夜间把自行车放在楼梯间也并不安全，除非直接搬入室内。此外，在公共场合随意停放在商店门旁、街边路口、车站附近，也没有安全保障。最好是把自行车存放在有人看管的停车场，花几元钱买个安全。

3. 使用高质量车锁。

现在盗车贼开锁的功夫越来越高，如果使用劣质锁，对盗车高

手来说形同虚设，所以购置防盗性能较好的车锁也很重要（目前市面上较好的品牌有金点原子防暴车锁）。最常见的上蟹形锁，因铁皮薄、锁梁细，容易被撬被砸；而 U 形锁外壳虽厚，但安全性能较低；蛇形钢锁面对盗车贼的剪线钳则毫无防范作用。

既然每一种锁都有其优缺点，我建议你最好为你的车进行"双保险"，即使用两种类型的车锁，把前后轮都锁上，并且最好是把一个轮子锁在地面固定物上，这样安全系数更高些。两种车锁同时使用，其防范性能一般不是简单的叠加，而且，盗车贼也不一定把各类工具都一次性携带齐全。另外，我建议使用与摩托车锁类似的能锁住车把的隐形锁。目前已经研制出了"要偷车必须破坏锁，锁坏了车就不能骑"的车、锁一体的防盗锁，大大提高了安全系数。

4. 不嫌麻烦，离车上锁。

有时候可能停车办事只需要很短的时间，有些人嫌麻烦或大意，不上锁就离开了，有的自行车甚至没有锁具。无论是哪种情况，都为见财起意、顺手牵羊的盗车分子提供了方便。虽然上锁不一定能够完全防止被盗，但至少能给盗车贼造成困难，拖延了他的盗车时间。

5. 存车别忘索取存车牌。

曾有报道，某人把自行车存放在某存车处而没有索取凭证，第二天取车时发现被盗，看车人却称"你自认倒霉"。这提醒人们，把自行车存入存车处时应问清最长保管时间并索取存车凭证，因为存车牌是存车交费的唯一存车时间证据，如果没有，丢了车也无处索赔。所以，存车要选择实行车牌制度的存车处，更不要忘记索取

存车牌。

6. 给车办理"户口"。

所谓"户口"，就是自行车行驶"执照"。没有办理"户口"的自行车很容易被盗，因为这些车子如果丢失，车主没有凭证查找，只好自认倒霉。办理"户口"很简单，买车后携带买车收据、身份证件去自行车管理部门登记，办理年检并依法纳税。这些合法手续应妥善保管，即使自行车丢失了也不要急于毁弃。因为一旦车被找回，它是查核认定的最佳凭证。

7. 不要贪便宜购买赃车。

自行车被盗现象日趋严重，原因之一就是盗而能用、偷而能销。许多没有牌照、税牌的自行车也能使用、销售，甚至盗窃的车子被毫无顾忌地骑着上街。从这个角度说，购买赃车实际上等于为自己或他人自行车再次被盗埋下祸根，因此要有效防止自行车被盗，就不要购买赃车。

二、电动车如何防盗

由于电动车价格适中、附加费用低、轻便等特点，人们的使用量逐年增多。但同时，又由于电动车具有体积小、重量轻，在没有电力的情况下仍可以人力驱动行驶等特点，加之人们防范意识不强，保管使用随意，因此极易失窃。因此，人们应加强电动车的日常防盗措施。

1. 选购一把好锁。

配备一把优质合格的车锁，是防止电动车被盗的首要条件。购买电动车时，随车赠送的锁多为劣质锁，十几元一把，用榔头在锁卡部敲击两下即可打开。因此，要防止电动车被盗，首先要选购一把质量优良的车锁。

在选购锁时，应注意以下五个方面。

一要选购知名度高、产品质量稳定、售后服务好的企业生产的产品。

二在选购时要注意检查产品的包装、标识是否齐全，说明书内容是否完整，能否指导完成锁具的安装。

三要检查车锁的重量，看采用的材料是否优质。

四要注意观察锁具的外观质量，包括电镀表面是否色泽均匀，有无生锈、露底、氧化等现象。

五要注意检查锁具的灵活度，钥匙能否自然插入，锁梁是否能够自然地关闭、开启。

2. 采取一些技术防范措施。

除了一把安全性能高的锁之外，安装一些高科技的自动防盗报警器也是必不可少的。这些装置可以让电动车在被移动、触动、震动时发出80~120分贝的报警声音，既可向车主通报有人动车，也可以对盗车贼发出震慑，迫使他放弃作案。

3. 选择一个好的停放地点和安全的停放方式。

停放电动车时要做到以下几点。

一是暂时不使用电动车、需停放一段时间时，千万不要嫌麻烦，最好将电动车停放进小房、车棚或有人看管的停放点。在将车辆存入存车处时应问清最长的停车时间，不要忘记索取存车牌。停放时，应尽可能将能锁的部位全部上锁，在条件允许的情况下，可将电动车与楼内的固定物（栏杆）、不易搬动的物体用锁具连接在一起。单独停放一辆电动车时，最好加锁一把锁，以提高安全系数；两人或两人以上同时停放电动车时，可以用几把链锁从不同的部位将几辆车串锁在一起，以提高安全系数。

二在临时停放电动车时，请尽量停放在自己或者路人、附近商家比较容易看到的地方，这将给窃贼作案增加一定的心理负担，偏僻的地方是最容易遭窃的。夜间外出时，尽量将车停放在有灯光照明和人员来往较多的地方，在离开时切记随时锁车。如需短时间停放电动车而又找不到寄车点时，可请附近的商家或店铺帮你暂时照看。

4. 停放时尽可能做到车、电分离。

电动车的电池较为特殊，必须使用同类型的电池或钥匙才能配套使用，有的电动车的电池还可以非常方便地进行拆卸。而且，电池是电动车最贵的部件，约占整个电动车成本的1/3。同时，电池也具有保值性，即便完全报废的旧电池，其回收价格也相当高，所以很多小偷专偷电池。大多数情况下，他不偷没有电池的车。

所以，我在此建议大家在购车后，应及时将电动车的电池号码与电动机号码记录下来。在较长时间不使用电动车的时候，可将电池拆卸下来，分别存放，这样既有利于防盗，还有利于电池的保养。

三、怎样防止摩托车被盗

摩托车以其体积小、快速、省力的特点越来越受人们的喜爱。但另一方面，它也越来越受偷车贼的"青睐"。为防止你的爱车被盗，我以为，不妨采取以下防范措施。

1. 为摩托车办理相关手续。

购买了摩托车之后，应先及时办理有关手续，即使被盗，也有追查找回的可能。也可办理摩托车防盗保险，如果摩托车被盗，则可向保险公司求得赔偿。

2. 为摩托车安装报警器等防盗装置。

小偷偷车，对摩托车先要拍一下，看响不响，有没有安装报警器，然后是扭笼头，稍用点力把笼头锁掰断，然后推到无人的地方去打火，打着后骑走。

所以，摩托车必须安装报警器等防盗装置。在停放摩托车时，一定要开启报警器，锁好车把锁和防盗锁，这样，盗车贼要下手盗车难度就大得多，而增加报警声、延长偷车时间对盗车贼能增加威胁成分，不失为防盗的好办法。

3. 选择安全的停车处。

外出时，摩托车应存放于规定的地点。不要为节省几元钱而乱停乱放，应选择管理规范的停车场所，不要随便停放在缺乏防范、无人看管的居民院落或街道路旁，更不要停放在灯光昏暗或太偏僻的地方。要知道，中午和晚上是摩托车被盗案件的高发时段，在这样的时段里，停放摩托车更应加倍小心。如果不是停放在有人看管的停车场所，切记不要让摩托车离开人们的视线范围。

夜晚，应将摩托车停放在安全可靠的地点。住在楼房底层或平房的人，可将摩托车放入院内或屋内；住在高楼层的人，可将摩托车放在楼下小房或居住小区的停车棚（最好有人看守），注意锁好。

4. 妥善保管好电门钥匙和遥控器。

停车时，哪怕是仅有短短的几分钟，也不要把车电门钥匙和遥控器放置于电门开关上，务必记住关掉电门开关熄火，并及时拔走电门钥匙和遥控器，以防偷车贼乘隙得以轻轻松松地将摩托车"开"走。

5. 发现车被盗应立即报警。

当发现摩托车被盗时，一定要在第一时间报警，以协助警方抓住时机，尽早破案，减少损失，切不可拖延时间，或是不报警。

四、怎样防止汽车被盗

爱车买回家了，如何防盗的相关问题成了车主关心的头等大事。爱车"身价不菲"，万一来个"失踪"，你恐怕要被吓得满头大汗。为了防患未然，在此，我就给广大车主支几招。

1. 安装防盗装置。

据我了解，盗车贼在实施犯罪前，往往先贴近目标车身故意碰一下，甚至踹一脚，一听有报警器等防盗装置发出响声，便会迅速绕开。

所以，在此劝诫广大车主：车都买了，千万别去节省买防盗装置的钱，以免捡了芝麻丢了西瓜。购车后要及时加装必要的防盗锁或电子报警器，而且，千万不要贪图便宜，一定要选择正规厂家、科技含量较高的产品。

另外，还可在原车防盗功能的基础上再加一把锁，因为盗车贼更怕麻烦，多重保障只会让他们最终选择放弃。另外，应将防暴力锁设计作为考量汽车的重要因素。

当然，有了防盗装置并不意味着万无一失了，因为很多盗车贼一旦发现车主并不注意，就会很快切断报警器的线路，几分钟就可将车开走。所以，我建议车主们最好设有两道防盗措施，在听到车辆报警的声音后，绝不可忽视大意。有条件的可将声控报警与手机联动，一旦盗贼接触汽车就自动报警，既惊吓盗贼，又能及时通知车主以便采取相应措施。

不管车上是否装有警报器，你都要在车窗上贴一条警告条，如"本车装有防盗警报器，请勿动手"等，通过警告的方式吓走心虚的窃贼。

2. 经常检修。

不要以为给爱车安装了防盗装置就可以一劳永逸，对于已经安装的防盗装置，要定期检查是否失灵、老化，发现问题要及时更换和维修，并且要选择正规的维修厂。一旦发现汽车的油箱盖被盗，不但要马上进行维修，而且应立即更换车锁，因为有不少车型的油箱锁与车锁是一把钥匙。

3. 设置小机关。

车主可以根据车辆情况，自设一两处外人难以解除的小故障或机关，可在发动启动线路、车门锁、油路等处动脑筋。一些简便的方法是：改进外装汽车附件，如蓄电池、燃油箱、灯具等；将点火系中的低压线断掉（低压线比高压线隐蔽）；改进连接紧固螺丝，比如改用不标准螺母，如五角形螺母，必须用特制的扳手才能拧开。特别是长时间停放或在复杂地段停放汽车时，车主可以自行设置一些小"故障"，如拆下某些关键部位的小零件、导线等，使他人无法将车开走。这样，如果盗车贼用2～3分钟解决了第一道防盗锁，而低压线不通或其他措施又会起作用，就使贼没时间再去研究，只好罢手另寻目标。

4. 离车上锁，并且用钥匙锁车。

一部分车主有一个对爱车很"不负责任"的毛病，就是下车后不锁车门和后备箱，要知道这可是司机的大忌。要是老天真的不长眼，爱车的油箱盖被盗，必须马上进行维修，而且应该立即更换车锁，因为有不少车型的油箱盖与车锁是同一把钥匙。

最好养成用钥匙锁车的好习惯。很多车具有遥控开关锁的功能，有的时候窃贼使用一种叫做"拦截器"的设备，当你按动遥控器的时候，电波在被汽车接收的同时又被拦截器接收了，趁着车主离开的时候，盗贼利用拦截下的信号就能打开车门，解除防盗。很多时候，盗贼还会使用"干扰器"，当你在用遥控锁车的时候，由于干扰器的作用，汽车无法收到遥控信号，此时，车门根本就没有上锁，再加上车主的马虎，匆匆离开了，结果，盗贼就会打开车门，要么盗窃汽车本身，要么盗窃车内的物品。所以得养成用钥匙

锁车的好习惯。

当你不在车里时，一定不要把钥匙留在点火器上，要记住关好车窗、天窗。

如果因特殊情况（如出差等），需将爱车停放在外较长时间，最好取下分电器内的分火头，或拆下一条点火导线，这样即使车门被人撬开，也不太容易将车盗走。

5. 停车选点很重要。

要知道乱停车也是爱车被盗的一大隐患，不要把车停在路边，尽量停放在正规的停车场。一辆孤零零的空车对于窃车贼或正在找一些汽车零件的过路者来说，是求之不得的目标。

所以，不要随意停车，停车时要尽可能把车停放在地势开阔、路线单一、行人繁多的场地，停车时，不要把前轮打直，可将其转过一定角度，以使窃贼难以将车推走或拖走。当然如有可能，车还要尽量停在专门的停车场，这样更安全放心。夜间尽量停放在有灯光照明的地方。

6. 保管好停车卡或证。

物业管理的封闭小区采用发证方法，当机动车进入小区时，领到一个特制的证件；离开小区时，要将证件还给门卫方可把车开走，这样不法之徒窃车就很难得手了。所以，车主在下车时，不妨将停车卡或停车证随身携带，不要放在车上。

7. 不要借车给别人。

有了车，你的生活会方便和轻松许多，开始享受生活的同时，千万不要向别人炫耀，更不要轻易把车借给别人，那样容易给车被

盗埋下"祸根"。有可能借车人心怀鬼胎，偷配车钥匙，没几天你的车就这样下落不明了。

8. 个人资料要保密。

顶级豪华车的防盗系统采用的是高端技术，并非浪得虚名。但为什么还是有大奔、宝马等被盗走了？答案是有人通过经销商内部获取了车主详细的个人资料，并配制了一把合法的钥匙。这时，再顶级的防盗系统都将防不胜防。

提醒经销商们要注意保密客户资料。

五、偷车贼最"青睐"哪种车型

一个显而易见的事实是，大众系列车型最容易被盗，据公安机关统计，被盗机动车基本上都是大众系列车。这是因为这种车源多，偷起来方便，市场需求大，销赃容易。大众系列车型中又以普通桑塔纳的被盗率最高。这是因为，普通桑塔纳在中国的车源多，盗窃起来不容易引人注意，而且大的市场需求给销赃车也带来便利，所以成为偷车贼屡屡下手的最佳对象。

第三章

居家防盗有绝招

注意提防那些“踩点”者

按错门铃、打错电话当心有诈

留意小偷踩点留下的符号

当心“听、看、跟、站”的小偷

家中现金怎样放才安全

……

一、注意提防那些"踩点"者

盗窃作案之前，盗贼的首要程序就是踩点。小偷踩点时到处溜达，眼观六路、耳听八方。为了顺利行窃而又不被抓住，常常在作案前以购买物品、探亲访友、参观游览等名义，暗中选择目标，观察进出道路，窥测目标的工作和生活规律。

许多小偷在踩点时会稍加掩饰，戴个帽子，或者安排"踩点"的是一批人，作案的是另一批人。为了逃避侦查和打击，小偷一般会四处流窜作案。

有些小偷在踩点时就会对防盗网做一些手脚。如果大家发现自家的防盗网莫名其妙地松动或断裂，很有可能就是有踩点贼来过了。有些小偷在踩点时，会装成陌生人敲错门，甚至装扮成水电工之类的，这样，趁着主人在没防备的时候来探家里的情况。

所以，见到形迹可疑的人，要多加防范。小偷踩点时也会顺手牵羊、浑水摸鱼地行窃。

二、按错门铃、打错电话当心有诈

在家时，有时候会碰到陌生人按错门铃或打错电话，此时你一定不要掉以轻心。因为这可能是一些窃贼以打错电话或按错门铃来打听虚实，用以判断你家中是否有人，或者有些什么人，以便谋划盗窃活动。因此，如果在某段时间里，你家里突然多次发生按错门

铃或打错电话的事时，一定要提高警惕，以防不测。不要向陌生人透露有关你的任何信息；当家中无人时，可摘下听筒以造成电话占线的错觉；不要告知对方你独自在家；接电话时，不要随便报出自己的电话号码，如果对方向你求证是否打错电话，应要求对方重复其所要打的电话号码。

如果遇到陌生人敲门、借故找人或办事时，上门维修、检查、收费、送货、送礼的人，要保持警惕，多加盘问，绝不能随便开门。如直接碰上案犯正在作案，案犯实力强于自己，应采取自保方法。一方面记住其明显相貌特征或相互间称呼，同时装做不知道或找借口离开并迅速报警。若对方实力较弱，则迅速将其控制，尽快扭送至公安机关，但不可对其作出伤害。

三、留意小偷踩点留下的符号

通常，踩点之后，会在目标家门口或周围留下一些符号。因为整幢大楼的防盗门都差不多，一次性踩点很容易混淆，为了下次作案时方便，会偷偷留下一些记号。

踩点的符号应该是自己团伙的人才知道的，也可以是大家约定的。通常有以下几种：

×（叉形符号）：表示我们计划对这家行动。

M（跳跃线条）：表示这户人家白天偶尔有人在，晚上则回家不准时。

00000（5个椭圆形符号任意组合）：表示我们认为这家人很

有钱。

+？ -：家里白天有人，晚上没人；符号倒过来，就是白天没人，晚上有人。还有一些莫名其妙的暗号，或许只有当事人才知道是怎么回事了。所以，每当见到自己周围有这类符号，应赶紧擦除，以免给小偷们提供便利。

四、当心"听、看、跟、站"的小偷

1. 听。

这主要是指通过倾听别人的谈话，从中获得有用信息。比如，这小区里有没有什么亿万富翁，有没有一下子做成一笔大买卖发财了的，这院里有没有出国刚回来的，等等。在"听"的过程中，一切都明白了。

2. 看。

看主要分两方面。

一是看人。小偷看人的眼睛特别厉害，特别是经验丰富的，更是看一眼就知道你身上有多少钱。

二是看住宅房屋。看住宅的防盗网的情况，了解物业管理状况，有时候会看这个小区有没有破的窗户，只要一看到这小区里有破窗户，小偷马上就会去偷。这是因为破窗户给小偷的信息是：这个小区疏于防范，连玻璃打碎了都没人来管，这就是"破窗理论"。

防盗提示：安装防盗网时不能只注意美观，要增加横向钢筋的

数量。防盗网尽量不要突出墙面，如外突要在顶部加装铁皮，并使其顶部坡度达到60°以上，以防成为攀爬的"楼梯"。

3. 跟。

跟就是跟踪，对象多半是单身的女孩子，或者是老头、老太太。相对于小偷来说，这些人都处于弱势，便于下手。如果你看见几个年轻男性站在路边或暗处，四处观望、互不说话，就要千万注意避开，很可能这就是踩点贼。

防盗提示：如果你不幸遇到小偷跟踪怎么办？

（1）晚上尽量走有灯、人多的地方，越亮越好，路灯越暗的地方发案率越高。

（2）与路人保持较近距离行走，给歹徒印象你们是同路人。歹徒一般喜欢对单身女性下手。

（3）碰到歹徒，在其尚未逼近的时候，迅速逃跑并高声叫喊，声音越大越好，也可喊"某某某你们快过来"，给歹徒以为你还有朋友的错觉，趁歹徒回头张望、发愣的机会逃脱。

（4）实在跑不掉，只有自觉交钱"纳税"，避免更大损失，但一定要冷静，注意记住对方相貌特征。

4. 站。

如果你看到银行门口有几个来回转悠、四处乱看的人，不用问，肯定都是贼，正站在那里等钱呢。你从银行取出来的钱，用个袋子装着，那是在告诉贼，"我带着钱出来了"。然后，贼就会尾随，伺机偷盗或抢劫。

五、家中现金怎样放才安全

每当你外出，家里成为"空城"时，就是小偷们大显身手的好时机。当你返家后，总会发现藏在家中的钱财被窃，那可是你一个月的花销。这下可好，还没到月底，你却一下子成了"月光族"。你恨小偷恨得咬牙切齿，却又拿他无可奈何。那么，除了银行，难道家里就没有一个小偷找不到的地方藏钱了吗？现在，请听听我的建议，在你外出工作或是度假的日子里，一些少量的钱应该放在哪儿才不至于在小偷光顾时被摸走。

1. 将钱藏在孩子房间的玩具里。

通常情况下，小孩对钱没有概念，父母对他也不放心，很少有人会把钱放在孩子房间里。孩子们一般都有一大堆玩具，这使得他们的房间看起来乱糟糟的，很不适合藏钱。另外，除了玩具外，孩子房间里还有无数乱七八糟的东西，小偷一般很少能快速找到钱财并且离开。

2. 藏在笨重的家具下面。

小偷们都是来去匆匆，根本没时间搬动那些笨重的家伙找钱。但存折、银行卡等不可与户口簿、身份证放在一起。

3. 藏在平常不会考虑的地方。

如果你已经在贼可能会找的地方留下了点儿钱，那任何你平常不会考虑的地方就是你应该藏钱的地方，比如清洁剂里面、垃圾桶的反面、脏衣服下面，等等。

4. 不要将钱藏在那些小偷可能会顺手牵羊的东西里。

比如，曾经有一个人把钱藏到电器中放电池的位置，结果，小偷虽然开始没有找到钱，但是因为电器本身也值钱，所以就把电器偷回去准备卖了。当他回到家检查电器是否可以正常工作时，自然就找到了被藏起来的钱。

5. 把藏钱的位置告诉一两个你信任的人。

最后需要注意的一点是，如果你把钱藏到屋里，那最好也把藏的位置告诉一两个你很相信的人。如果哪天你遇到什么不测，而且没人知道你把钱藏在什么地方，那么，如果贼都找不到的话，也没人能找到那笔钱了。

六、保险柜存放

保险柜已普遍进入寻常百姓家。保险柜使人们的流动资金有了一个较安全的存放处所，但也成了盗贼觊觎的目标。据有关部门统计，近年来全国撬盗保险柜案件数平均每年呈 10% 以上的幅度增长，发案数居高不下，个案损失也在大幅度增加。

那么，居民在使用保险柜的过程中应注意哪些事项呢？

1. 挑选、购买经公安机关有关部门批准生产的坚固可靠，最好有报警装置的合格产品，切勿贪图便宜购买劣质保险柜，留下安全隐患，因小失大。

由于一只保险柜售价在数百元至数千元，而使用劣质材料更能攫取高额利润，于是一些不具备保险柜生产能力的厂家也竞相盲目上马生产，造成市场上部分保险柜不符合质量标准。某市民购买一只保险柜用于存放存单、票据、印章等重要物品，一次因公外出数天，回家后发现保险柜被撬，存单被盗走，一些重要票证被撕碎，而作案工具仅是事主家一把普通的起子和小铁锤。

其实，国家标准计量局对保险柜的质量标准早有明文规定：A类保险柜，要求在 15 分钟内不能用撬棒、电钻等手工工具打开；B类保险柜，要求在 15 分钟内不能用气割等重型工具打开；C类保险柜，要求用炸药也不能炸开。

2. 机关、企业等单位应按要求建设合格的财会室，存放保险柜的部位应安装防盗门窗；建立值班制度；实行现金限额存放，当天用不完的大额现金要及时存入银行或指派专人值班看守。

3. 保护保险柜密码。

切勿图省事，将密码写在纸条上放在办公桌抽屉内甚至压在办公桌玻璃下；或用胶带纸等物粘贴固定密码旋钮等，给盗贼作案时撬锁或钥匙投锁打开保险柜造成可乘之机。

4. 保险柜钥匙要随身携带。

忌将钥匙存放在抽屉等犯罪分子易于获取的地方更不能疏忽大意将保险柜钥匙遗忘在柜门的锁孔内，酿成大祸。

5. 采取固定、防撬等措施。

一是在保险柜外面罩上一种用钢板焊制固定于地面的防撬罩，使保险柜很难被移动、翻倒，更不易被撬开。此法在江苏省吴江、镇江等市的单位推广后取得了明显的效果，撬盗保险柜案件逐年大幅度下降。

二是将保险柜用钢筋混凝土浇铸固定在墙内，外用画幅等物遮挡，与室内装饰相协调，使之具有隐蔽性。

三是用地脚螺栓将保险柜固定在混凝土基座上，然后焊死螺栓，防止小型保险柜被"搬家"。

七、少量现金的存放

在家庭尚没有保险柜等设施的情况下，少量流动资金的存放安全很有学问。许多人总认为锁着的抽屉、橱柜、箱子是最安全的，其实不然。因为盗贼总是利用人们的这一思维定式进行作案而顺利得手。加锁的家具犹如无言的提示，几乎成为盗贼进入现场后的首选目标。其次，枕头下、衣柜内的衣服口袋等处都是盗贼感兴趣的地方。此外，许多女士习惯于将金银首饰放在梳妆台的抽屉里，也是很不安全的，即使没有窃贼光临，有时小孩随手翻来玩耍也易丢失。其实，家里临时藏钱的地方实在很多：家具的夹层内、米缸内……一切不显眼的地方，一切意料不到的地方，都可实现防盗目的。

为确保藏钱的安全，还需注意以下事项。

一是藏钱位置的选择应以防火、防潮和防蛀为前提。

二是藏钱的物体要相对固定，防止在使用、出借或送人时损坏或流失。

三是应将藏钱的位置告知家庭主要成员。现实生活中，由于家庭成员之间通气不够而使所藏现金丢失的例子并不少见，许多人在

不知情的情况下将家人藏钱的旧棉絮、旧皮鞋等物扔掉、烧掉或当废品卖掉，从而造成无可挽回的损失。

以上分别讲述了现金及贵重物品的几种主要存放方法。无论采用何种方法保管贵重物品，都必须记清品名、产地、型号、规格、颜色、成色、号码、损坏或修理特征等，并注意保存好发票；对不挂失、不记名债券应记明发行单位、票面、号码和兑现日期等情况，便于万一失窃后公安机关及时查控。

八、取、借现金时的保密

现实生活中，有的人因随意暴露从银行取款、准备购买大件物品等情况，从而引起不法分子的注意；有的人选择的存放现金的部位虽然非常隐蔽，但存放、取用和出借时，或警惕性不高，或方法不当，从而泄露了"天机"，引发了盗窃案件的发生。凡此种种，都必须引起居民的高度重视。

那么，如何做好现金的存放、取用等环节的保密呢？

因就医、上学、购房、购物或出借大笔现金等用途，需从银行取款时，应遵循"随用随取"的原则，尽量减少和缩短大额现金停留家中或身边的时间。从银行取款后，一路上应注意防止有人跟踪、盯梢，警惕搭讪的陌生人。取款回家后，不以炫耀等任何方式向邻居及外人暴露取款数量、目的等情况，同时对现款采取措施重点保护。

在家中存放和取用现金时，要注意关好门窗，拉好窗帘，防止

外人偶然发现起"盗心"。

不将借款人带到放钱处（如卧室、楼上等）当面取款，可将其安顿在客厅喝茶等候；也可按约事先将钱取出放在身上，待借款人来办理有关手续后直接交款。

来人还款时，可将现金放入衣服口袋，待来人离开后，再放入隐蔽处保管。

九、一般家庭的防盗措施

家居防盗涉及居住小区环境及居住条件、人员防盗意识的方方面面，总的来说，做好家居防盗必须做好"三层防盗"，即家居小区防盗、家居单元及个户防盗、家居室内防盗。要做好家居防盗必须做到人防与设备防相结合。具体而言，普通家庭可以采取以下防范措施，让小偷盗窃无门。

1. 小区防盗。

积极配合小区保安管理人员的管理，同时自觉爱护小区内的各种防盗设施，出入公共防盗门要随手关门，不要将公共防盗门的钥匙借给朋友和不随便为不认识的人开启防盗门。

2. 住户防盗。

家居的各个门、窗、排气口、空调口要经常检查，窗、门损坏要及时更换，出入家门随手关锁门，门锁损坏或钥匙有遗失要及时更换。门框门体除美观外，主要是要注意是否坚固，门缝是否密封，固定锁体锁扣部位的门体、门框是否牢固、结实。

3. 安装防盗门。

在防盗门上你可千万别省钱，几百元的和上千元的门还是不同的，不在厚薄，关键在锁。有了好的防盗门，出门时你得多拧两圈（现在高档些的防盗门都有快锁功能，压一下就锁到位了）。晚上睡觉前还要记得拧一下门上的"小舌头"，很管用的。

4. 加固窗户。

首先窗户插销要齐全，玻璃要完好无损，窗户要坚固。为安全起见，凡是居住平房和楼房低层的居民，家中的窗户务必要安装铁棂，钢筋以 0.12~0.6 厘米为宜，每个钢筋之间的间距以 10 厘米为宜。这样，即使盗贼拔掉插销，砸碎玻璃，撬毁窗框，只要窗户铁棂安装得牢固，就会形成一道防御屏障。

5. 锁具防盗。

如果你家的暗锁不是"三防"锁，那最好破费买一把。安装保险锁花钱不多，也没有太多的麻烦。如果你能安装双保险锁或者是"三防"锁，效果将会更好。因为从心理学角度来讲，盗贼心虚，作案时不敢拖延时间。另外，钥匙不应摆在明显处，防止外人趁机印模仿制。丢失钥匙要立即换锁，同时养成钥匙不离身的习惯。不要把钥匙交给不懂事的小孩或配给他人。

6. 在阳台上安装一个感应灯。

近年来，盗贼从阳台入室作案的正在逐渐增多。在临睡前打开感应灯的开关，一旦有人攀上阳台或有声响，灯会亮，可以吓跑小偷。如果卧室离阳台较远还可以将灯和一个小型蜂鸣器连在一起，灯亮的同时发出鸣叫声。

十、居民小区防盗建议

养成外出、睡觉时随手关闭门窗、关闭保险或打开防盗门横插销的习惯。

晚间若一定要开窗通风，请关闭靠近雨水管、空调外机、外墙装饰搁栏等部位的窗户或在窗户处加装相应的物防、技防设施。

在雨水管、窗框、空调室外机架等部位安装带刺的铁丝等，在窗口放一些多刺的植物或者风铃、酒瓶等，可起到惊醒主人、吓退盗贼的效果。

及时清理插在门上、信箱内的各类广告、传单，因为这些是家中无人的标记。

家中不要存放大量现金，存折要设置密码，且不能和身份证放在一起。贵重物品要妥善存放，可拍照或刻上姓名，万一失窃便于日后追回，同时为犯罪分子销赃制造障碍。

不要将钱物放在临窗的客厅里，晚上入睡前要将钱包、手机等贵重物品带入卧房。

家中万一被盗应当立即报警，并保护好现场，不要在室内随意走动，也不要接触门把手、锁具等任何东西，以免破坏有价值的指纹、脚印。

高档小区进出密码不能随意泄露，密码设置要适时进行更换；物业等相关部门要正确使用和维护技防设施，确保系统正常运行。

傍晚时分临时外出，可在房内开一盏灯或打开音响。

十一、别墅防盗建议

小偷作案一直是"道高一尺，魔高一丈"，挖空心思找出人们防范的薄弱环节，趁人不备，或乘虚而入，偷你个防不胜防。

外出和临睡前，请检查所有门窗是否关闭锁牢，不要遗漏车库和地下室门窗。

妥善放置贵重物品和古董、名画。

庭院围墙边种些带刺植物。

养一条有证狗看家。

农村别墅可安装防盗铁门和窗栅栏，有条件的住户可安装技防报警设施，并与物业技防联网。

小区保安要经常巡逻检查，严把门卫关。定期检查和维护技防设施，保持报警装置运转良好。

短暂外出家中无人时，不妨拉上窗帘并开启电视或点一盏灯，迷惑图谋不轨之人；举家外出旅游时，可请保安人员或亲朋帮忙清理信箱、奶箱里的东西。

十二、假日外出时家庭如何防盗

节假日是普通人最期盼的日子，同时也是盗贼最喜欢的日子，特别是年三十（除夕）、初一、初二、元宵节、中秋节等佳节。元宵节、中秋节，为了全家团圆，很多户人家也都会出现这种无人看

家的现象。而且，过年过节，人们疏于防范，有失警惕，麻痹大意。过年过节是人们一年当中的消费高潮，家中存放现金较多。一些人忙于过节、采购物品或是走访亲友，家中无人看守，加之门窗不牢固，往往给盗贼撬门入室留下了可乘之机。

为此，这里整理出关于家居防盗、家居安全的几个小知识，为你外出期间的防盗贡献几点意见。

1. 请邻居关照。

较长时间外出时，应与关系好的邻居打好招呼，请求他的关照。

2. 请亲友代收邮件。

外出时，除邻居以外，还要将行程和联系方法告知亲友。同时，请邻居或亲友代为收集信箱的报刊和信件，使别人不易发现房主远行。

3. 关好门窗。

一定要关好门窗，检查锁是否牢固，钥匙要妥善保管。

4. 勿留字条。

外出后，切勿在门外留下写有"外出有事，某日回家"之类的字条。一层的住户尽可能不要使用明锁，更不要在外出前使用自行车等物体或其他一些杂物遮挡门窗，使人一看就知道家里没人。

5. 安装防盗栏。

临街低层住户最好安装不突出建筑物墙面的防护栏；有条件的住宅楼应安装楼宇对讲防盗系统。

6. 不要将姓名标记在门外。

这是为了避免盗贼趁机从电话簿里查到家里的电话号码，并以打错电话为借口试探你家中是否有人。

7. 不要留存大量现金。

大量的现金存入银行最妥，有价证券及贵重饰物，有条件的尽量存入银行保险箱，同时将存折号码、金额、存入日期等记事本随身携带。

8. 学会摆"迷魂阵"。

全家短时外出时，最好亮上一盏灯，或打开收音机，这样小偷会误以为有人在家。长时间外出时，除关好所有门、窗外，应切断门铃的电源，并在门口放一两双鞋，使盗贼不明虚实，不敢贸然作案。

十三、高层防范不可忽视

邱先生家住某高档小区的 31 楼，也就是住宅楼的倒数第二层。一直以来，邱先生认为自己所住的小区有物业管理，且自己家又在高层，所以他根本没把安全防范放在心上。一个周末，邱先生全家和朋友一起去外地游玩，回到家打开门时，他惊呆了，屋内抽屉、柜子等被翻得一片狼藉。"被偷了！"邱先生立即报警。事后经检查，邱先生家被偷了 1000 多元现金和一台笔记本电脑。

原来，在邱先生家，有一间卧室的窗户未关上，小偷就是从卧室的窗户爬进屋内盗窃的。如今，城市的高层住宅越来越多，高层小区的入室盗窃也越来越突出，其主要原因在于住户的防范意识不

到位，认为贼人不可能到这么高的地方行窃。住户防范意识淡薄，导致不法分子乘虚而入。那么，在邱先生家被盗案中，小偷到底是怎么上到31层高的窗户呢？原来，嫌疑人中一人在楼顶用绳子拴住另一人，被绳子拴住的嫌疑人从楼顶慢慢下到31楼的卧室窗口，潜入房内行窃，之后从容地携带盗来的财物从房屋大门走出。

不论住处在什么位置、周边的环境如何，请务必保持必要的安全防范警惕性，高层建筑也不例外；条件允许的，请安装防盗门窗，出门和晚上睡觉前要锁好门窗，大门要反锁。

十四、防盗门窗质量要好

市民李先生家被盗，虽然损失不大，但让他非常郁闷和烦心。可以说，李先生对居家的安全防范还是颇费了一些苦心，装修房子时，他首先把防盗网、防盗门给装上，平时出入也反锁大门，可还是被贼偷了。原来，窃贼从屋外将李先生家卫生间的不锈钢防盗网连框一起从墙上整体拉脱，进入房内。比李先生更郁闷的是颜先生，窃贼锯断他家客厅不锈钢防盗窗的钢管窜入屋里，行窃后从容而去。

李先生和颜先生的遭遇具有一定普遍性，不少市民认为，装好防盗门窗，一是具有防盗功能，二是能让贼"望防盗门窗而生畏"。但是，由于目前市场上充斥着不少不合格的防盗门窗，装修人员的技术水平也参差不齐，因此，虽然安装了看似固若金汤的防盗门窗，但却只能是防君子不能防小人。

安装防盗门窗等安全防范设施，要选择信誉、品质较好的正规厂家的产品，请专业装修公司安装，不要怕花冤枉钱，因为这笔支出绝对物有所值。安装不锈钢防盗窗时，钢管内要装入较粗的螺纹钢精，不能装入螺纹钢精的花纹管，尽量不要采用，且要采用焊接方式加固，最好不要采用膨胀钉固定。安装防盗门时，采取嵌入式水泥加固。

十五、现代科技在家庭防盗中的应用

随着科技的日新月异，安防产品越来越先进和普及，在家里或社区里安装先进的技防设施越来越普遍，也被更多的人所接受。常见的技防设施有以下几种。

1. 安装视网像锁。

这是一种用人的眼睛一望就能自动打开的锁。在美国的一个绝密军事基地的大门上，就安装着这种奇特的锁。工作人员上班进门时，只要对准大门上的小孔一望，沉重的大门将自动打开放行。而对于陌生人，无论你怎样看、怎样瞪眼，它都置之不理。原来门上的小孔就是一把锁，它在里面装有特殊的照相机，记载了所有工作人员的视网像，照相机中串联着复杂的电子计算机。当工作人员向小孔张望时，照相机将张望者的视网像输入计算机内进行核对，会立刻作出判断是否开门。

2. 门上装指纹锁。

这种锁的钥匙不是金属制成的，而是主人的手指纹制成的卡

片。需要开门时，可将这种卡片插入有关部位，锁里面的机关立即对卡片进行核对，当确定是主人指纹时，门便自动打开。这种锁比任何普通锁都更为保险。还有一种锁无须指纹卡片，只需将某个人手指按在门的某一部位，如果是主人的指纹，门就会自动开启。但是，如果使用其他任何工具，包括万能钥匙等都无济于事。

3. 安装红外线类产品，俗称"电子狗"。

可随意安装或摆放，以针对一定的区域进行控制。可将"电子狗"正对阳台门窗或客厅等盗贼必经路线放置，一旦有外人从该位置侵入甚至探头窥视便可立即发出警报，一方面可以通知主人家中有人进入，另一方面可以吓跑盗贼，可有效地预防攀爬阳台入室或钻窗入室盗窃案的发生。

4. 装电子密码锁。

这种锁是用数字电路和一集成块报警装置、开关装置组成的新型锁，外观类似计算器的数字盘。使用者掌握着开锁的数字号码，使用时只需在锁盘上输入数字密码，报警装置就能解除警报，并指示开关装置开启门锁。

另外还有一种密码电子锁，输入密码后，用钥匙方能开锁。否则，不管你用任何方法开门，报警装置将会不停地鸣叫。

通常，密码锁的10位号码中不会重复，因此盗贼想偶尔碰碰运气也只是徒劳。特别是后一种门锁虽可以解除警报，但不用钥匙开门，仍然会导致报警，盗窃者将无可奈何。

5. 安装自动报警门锁。

该装置用钥匙开门时不报警，而使用撬、踢、砸、踹等手段开门时，便立即报警，即使掐断线路仍可报警。设置在值班室的监视器作为各户控制系统的终端，一旦报警，监视设备鸣叫不停，并且显示出报警部位。

6. 门缝和窗户可安装磁控开关。

这种开关的作用是：一旦开窗即可发出报警信号。门磁是一种小电子元件，大小与打火机较接近，由两部分组成，分别黏在门缝或窗户开口处。设防状态下，该扇门或窗开启后，门磁两部分即分离，发出警报，关闭后则警报解除。如果要防范盗贼入室偷盗，则只要在屋门缝内侧安装门磁，一半黏在门板边，另一半黏在门上，睡觉前先将所控制房门关闭，再将报警开关打开，此时外人无论以何方式把门打开，即使只开一条小缝，它也会立即发出高声警报。

十六、不与邻里交往，窃贼堂皇开锁入室

小偷利用现代人"各人自扫门前雪，哪管别人瓦上霜"、"事不关己，高高挂起"、"老死不相往来"的心理，以及部分人胆小怕事的通病，对一些住宅堂皇开锁入室盗窃。但是在家庭安全性方面，不与邻里交往，是非常不利于防盗的。

由于邻里之间交往少，有些甚至不知道姓名，也不知道周围到底住了些什么人，这就给盗贼提供了可乘之机。他们进屋行窃后，甚至大摇大摆地从正门出去，更有甚者把一些贵重家具、家电搬走。别人看到了，还以为是房子的主人或亲戚搬东西。我曾经在报上看到过一桩很耐人寻味的入室盗窃案。

【案例】一天，一个30多岁、西装革履的男人，来到一家配钥匙铺，自称出门时忘记带钥匙，请开锁师傅去他家帮他开门。结果，他只花了20元，便顺利进入某小区某楼8层的一户人家。实际上他并不是那家主人，而是小偷。幸好这家人正巧回家，并发现了该贼，才避免财物的损失。

大家不妨设想一下，如果邻里之间相互认识并且常有往来，听到邻居家门响，出来打个招呼的话，这位贼会有这么容易登堂入室吗？所以说，邻里之间适当地交往和沟通，对家居安全防范很有益处。

小偷谎称钥匙丢失，请专业开锁人士上门开锁，"胆大妄为，胆大包天"。有些唯利是图不负责任的锁匠，不验明"正身"就帮窃贼开锁。

邻里守望，互相照应，做好以下措施。

（1）较长时间外出时应与邻居打好招呼，请求关照。

（2）举家旅行等长时间全家外出时，可以在阳台上晾晒一些衣物，使不法分子难以判断出家中是否有人，因而不敢贸然下手。

（3）晚上全家短时间外出，最好家中亮一盏灯，或打开收音机。

十七、怎样对付进屋的盗贼

盗贼进屋偷盗，有多种情况，对付的办法也应随机应变。最主要的是不能慌乱，要沉着应付，慌乱的应当是盗贼。因为盗贼行窃，在心理上处于心虚的劣势。家庭的主人虽然具备心理优势，但在体力与防范等方面不一定具备优势。不过，如果你能够按照我下面的建议去实践，你会发现，对付那些进屋的盗贼并没有那么难。

1. 不要与其搏斗。

遇到入室盗贼尽量不要与其搏斗（除非你是警察或者受过专业搏斗训练），按照我的经验，许多盗贼都是持刀入室的。因此，在遇到紧急情况的时候首先要学会自保。比如迅速关上并反锁卧室门，避免与歹徒正面冲突。如果是夜晚入室盗窃，一般小偷会持凶器在身，即使主人醒来也不怕，因为人在睡眠状态下防范意识是最差的，睁开眼睛醒来，如果看见陌生人在家里，就会异常惊恐、害怕，要么尖叫、要么装睡，完全没有攻击性，这个时候，趁机逃脱是非常容易的。所以，万一遇到持凶器的盗贼，千万不要与其发生正面冲突，以防受到伤害。

2. 迅速到室外喊人。

假如发现窃贼正在室内，而他尚未发现有人回来时，可以迅速到室外喊人，并同时报告公安机关，以便将窃贼人赃俱获。如窃贼有汽车、自行车等交通工具，则要记下车牌号。假如室内的窃贼已经发现来人时，要高声呼叫周围的邻居，请大家帮忙抓住他，并扭送到公安机关。如果家住楼房，则要边喊边往下跑，以免遭到小偷的攻击。

3. 查看其逃离方向。

对发现有人来后立即逃跑的窃贼，要及时追出查看其逃离方向并认准其可能丢下或带走的工具、车辆，并拨打"110"报警电话

报告公安机关。如遇两个以上的盗窃分子结伙作案，除仍可采取上述方法对付外，在他们分头逃跑时要集中力量抓住其中一个。同时也要注意，团伙作案被发现后行凶伤人的可能性更大，应随机应变，注意安全。

4. 麻痹和拖住盗贼。

如果你是在家中，盗贼破门而入，不妨佯装糊涂，以宾客之礼待之；如盗贼不是自己熟悉的人，可将自己扮成局外人，拖住盗贼；如果盗贼不顾一切地行窃，可以把自己当成弱者，请他们不要全部拿走。在上述与盗贼的对答往来中，尽量麻痹和拖住他，以寻求有利机会将其擒住或报警。比如，乘盗贼不备之时，用手边器具对其实施有力的打击；乘盗贼不防时，迅速逃离其控制，向邻居求救；乘盗贼作案时或思想松懈时，突然将其锁入室内，等等。

5. 记住小偷的特征。

在无法当场抓获盗贼的情况下，应记住盗贼特征，包括年龄、性别、身高、胖瘦、相貌、衣着、口音、动作习惯，以及身上痣、斑、残疾等各种特征，佩戴的戒指、手镯、项链、领花、耳环等各种饰物的情况，以便向公安保卫部门提供破案线索。

6. 抓获窃贼后如何处理。

一旦抓获窃贼，最好的办法是一面采取强制措施将其控制住，一面通知保卫部门或派出所，等他们前来带人，必要时也可直接扭送保卫部门或公安机关。要注意，抓住窃贼后一是不能疏忽大意，被其又趁机逃走或伤人；二是强制程度要适当，不能殴打辱骂，如将盗贼打伤致残、致死，都是要负法律责任的。

十八、家中电话勿轻易告诉他人

从安全的角度来说，家中的电话号码不要随便告诉交情不深的人，否则会给你带来不必要的麻烦。因为一些居心不良的人会用电话来试探你家是否有人，从而决定是否上门做"梁上君子"。如果真的遇到有人一个劲地向你索要电话，你又不愿意给时，可以找借口推脱。你可以对他说"我刚搬家"等，或只把手机号告诉他。

十九、不合格家政用工藏隐患

现代都市，生活节奏繁忙，为了节约时间，越来越多的家庭使用家政服务，比如请保姆、家庭教师、接送小孩等全职或钟点工。聘请保姆和钟点工，最让人们头疼的是不知道他们是否安全可靠。在此，我教你几招，希望能帮你解除这方面的后顾之忧。你可以从以下几方面着手防范。

1. 注意其外表。

不要雇用浓妆艳抹的女子。因为过于讲究穿戴，既不适合家政服务，又不利于家庭和谐。

2. 搞清其真实身份。

从正规的劳务市场登记处物色家政用工，并核实其真实身份。

3. 有意试探。

有意在家庭财物上略作暗记，以试探其行为。

4. 辞退要果断。

如果觉得不称心想辞退，请先不要声张，要找机会向他果断宣布结束雇佣关系，尽量不留回旋余地。如发现其行为不轨，切忌随意搜身和搜行李，以防授人把柄，最好请警方协助解决。

5. 对其进行安全教育。

对家政用工要进行安全教育，主人不在家时不要让陌生人入室。家政用工离开时，工资要一次结清，门锁钥匙要收回，最好换新门锁。

6. 不要随便让陌生人进门。

交朋友要慎重，家庭成员特别是青少年不可随便将生人带到家中。

二十、谨防上门推销者行窃

在日常生活中，人们会经常遇到上门推销者，有的推销洗涤剂，有的推销厨房用品，还有的推销玩具。上门推销者不可不防。具体来说，要注意以下几点。

1. 注意锁门。

出门时，一定要锁好门。进家后，要关好门。

2. 拒绝推销。

拒绝上门推销者推销的任何商品，不论他怎么说，都不要开门放其进来，尤其不要被所谓抽奖、特价、赠送、优惠等所诱惑而动心。

3. 及时报警。

发现居住区内有形迹可疑的推销者，要注意提防，并提醒周围的邻居，对行骗行窃者要及时报案。

【案例】2009年6月，在陕西某大学学生宿舍抓获了一名借推销为名的行窃者。据他供认，自2008年下半年以来，他先后在附近四五所大学里以推销袜子为名，趁宿舍无人时偷东西。一年下来，他先后窃得手机、MP3、MP4、文曲星、数码相机、衣物及现金等钱物，总价值竟高达几万元，涉及受害人50多位。

二十一、谨防亲朋熟人行窃

要防范"家贼"，首先要对亲朋熟人中有如下特征的人予以提防：游手好闲、热衷赌博、金钱至上、唯我独尊、缺少亲情、喜爱谈论他人钱财收入、是非观念和法律观念淡薄的人等。平时尽量不要与这种人来往；与其发生争执或分歧时，应尽量平和处理，避免激化矛盾；不讲刺激的话，也不要因为个人富有而表现出对他的轻视；不要对他炫耀个人财富，更不要让孩子在外炫富。对于有赌、嫖恶习的人更要小心，因为一旦他赌博输得一败涂地时，会不顾一切地弄到钱财，以偿还债务。由于亲朋熟人对自己家中情况熟悉，如果有心行窃，就会频繁出入你家，以选择作案目标。因此，对家中的现金、存折、存单及贵重物品的存放要格外小心，不要让他知悉；他在场时，不要取放钱、存折及贵重物品。只有随时提高警惕，防患于未然，才不给"家贼"以可乘之机。

【案例】小王去好朋友阿美家玩，阿美没有时间"接待"，就把钥匙给了小王，让他先一个人到家坐会。到阿美家后，小王因好奇走进她家二楼一间房间，并发现床上放着1万多元现金。经过一番"思想斗争"，小王偷了这笔钱不辞而别。

不要轻易将自己家的钥匙交给别人，家中无人时，应尽量不留宿他人；家中有客人时，更不能随便将贵重物品放在房间内显眼的位置，以免"来者不善"。

第四章

个人信息要谨慎

防止固定电话被盗打

智能手机信息防盗

上网冲浪，莫忘防盗

小心黑客打开你的摄像头

QQ 防盗有高招

一、防止固定电话被盗打

有时，你可能会碰到这样一些情况：你家的固定电话铃声大作之后，当你拿起话机却又悄然无声，如此反复多次；经常有人打错电话；打电话时，会突然发生串线现象，比如夹杂对方的嘈杂声、说话声等。如果经常出现这些现象的话，你就得提防你家的电话是否被盗打了。

那么怎样知道或者防止电话被盗打呢？

1. 经常拿起话筒听一听。

注意电话机是否有非正常的铃声响，比如只响一两声就不再响了，如果有，要立即拿起话筒听是否有拨号音或是否有人正在拨号通话，如有，说明你的电话不是有故障就是正在被人盗用。

2. 注意电话线连接情况。

注意电话机和连到电话机上的电话线是否有可疑情况，有无被别人盗用的方便条件和接上电话线或电话机的可能性。

3. 电话铃响时，不要马上去接。

如果你已经怀疑电话可能被人盗用，要注意当电话铃响时，不要马上去接，让它多响几声，再拿起话筒，这时如果有生人正在通话，说明你的电话不是出了故障就是被盗用了。

4. 安装电话防盗打器。

可安装电话防盗打器，安装后如有人在室外接电话，就会发出报警音，使其无法接听和拨打电话；当发现有被盗打迹象时，应及

时与电信部门联系。

需要说明的是，固定电话被盗打是极个别的现象，当出现以上情况时，要注意以下两种情况下不是被盗用：一是同一电话号码本身已接上两部电话机；二是电信部门正常的施工或日常维修。

二、智能手机信息防盗

智能手机的日益普及给人们的工作、学习和娱乐带来了方便和乐趣，但另一方面，因为手机价值较高，也成为盗贼们行窃甚至抢劫的目标。最近几年，手机越来越普及，价格也越来越低，山寨手机更是五花八门，盗窃和抢夺手机的案件也因此相对少一些了。但在10年前，不少人都有遗失或者被盗抢手机的经历，有的人被偷过好几部手机。手机丢了还可以再买，但如果手机上的重要资料泄露或是被别有用心的人利用，损失就更大了。我就经常听到同事或朋友讲，手机被偷了，存在手机上的电话号码没了，找不到要找的人了，失去了很多商务和交友的机会。

如果手机真的被盗了，该如何保护自己存在手机里的隐私信息呢？

1. 设置密码。

像电脑设置开机密码一样，只要给自己的手机加上一个密码，手机遗失之后，一般人拿到手也奈何不得。有这种功能的手机有很多，比如诺基亚、三星、多普达等。只是很多人太懒，拿到手机就用，连功能也没有完全搞清楚。不过，这种办法并不是万能的，只要简单的解码，手机照样能被他人查阅和使用，而手机维修店也会帮人解码。

2. 手机自毁。

手机自毁技术无疑是最安全的一种防盗办法。当手机被盗后，手机上的自毁功能将在特定情况下启动，将手机毁掉，比如密码连续几次输入错误、没有按照正确的操作更换 SIM 卡等。用户还可以遥控手机以达到自毁的目的，一般是在手机丢失或被盗之后很难找回的情况下，才采用此项技术以防止失主信息的泄露。

3. 短信报警。

短信报警，不仅可以对电话簿、通话记录、短信息等进行密码保护，还可以通过短信息追回被盗手机。

防盗功能一旦开启，当丢失的手机被人重新换上 SIM 卡后，它将在几分钟后自动向机主事先指定的手机号码发送短信息，而且能让盗贼毫无察觉。于是，机主可以轻松获得被更换后的手机号码，这样就知道使用该手机的新主人了。只需将新的手机号码提供给警方和移动通信公司，就不愁抓不到贼，也不愁找不回心爱的手机。

三、上网冲浪，莫忘防盗

如今，上网冲浪已不是什么新鲜事。无论是网络游戏、饲养宠物，还是聊天、社区讨论，都可以在网络上进行。不过，参加这些活动之前，你需要注册成为会员，也就是要申请一个网络身份才行。而与这个身份相联系的密码，就成为你在网络上的通行证。如

何保护好这些密码不被他人恶意盗取，就成了网上冲浪的人们十分关心的大事。

那么，在网络中如何进行相关密码的设置，才不至于被别人轻易盗取呢？

1. 不要使用和自己相关的资料作为个人密码。

不要使用和自己相关的资料作为个人密码，如自己或女（男）友的生日、电话号码、身份证号码、门牌号、姓名简写等，这样很容易被熟悉你的人猜出。

2. 密码要具有足够的长度和复杂度。

给自己的用户名设置足够长度的密码，最好使用大小写字母混合加数字和特殊符号的密码，如 TG5—d% 。不要为了贪图好记而使用纯数字密码。

3. 密码的形式要不同。

不要将所有的口令都设置为相同的，可以为每一种加上前缀，如电子邮件可以使用 em79—aD，emL%29，等等。

4. 不要使用特定含义的英文单词。

不要使用有特殊含义的英文单词做密码，如 "good"、"hello"、"thank you" 等。最好不用单词做密码，如果要用，可以在后面加复数 "s" 或者其他符号，这样可以减小被猜出的机会。

5. 经常更换密码。

不要死守一个密码，要经常更换，特别是遇到可疑情况的时候。

6. 不要将密码写在纸上。

不要为了防止忘记而将密码记下来，将密码记在大脑以外的任何地方都是愚蠢的行为。

四、小心黑客打开你的摄像头

电脑连接有摄像头，并且将电脑放在卧房里的人可要多加注意了，有些病毒诸如"黑洞"、"蜜蜂大盗"、"罗伯特"，等等，可能会在你不知情的情况下自动开启你的电脑摄像头，偷窥你卧室里的秘密。以"蜜蜂大盗"为例，该病毒能自动打开染毒者的摄像头，进行远程监控、远程摄像、遥控 QQ，并可中止防火墙，可谓"五毒"俱全。

"罗伯特"病毒变种就更厉害了，它们能控制你的摄像头和麦克风，截获你的动作和声音。病毒制造者不但对你的隐私感兴趣，还能够控制你电脑中所有数据，并且能够对一些特定网站进行拒绝服务攻击。该病毒还能记录你电脑的一切键盘输入，比如网络游戏密码、QQ 密码、屏幕保护密码等。

通常，关闭状态下，摄像头的状态指示灯是关着的。一旦病毒开启摄像头后，指示灯就会亮起来。这时，如果你并没使用摄像头，就要注意你的电脑很有可能感染病毒了。

五、QQ 防盗有高招

QQ 作为时下许多年轻人重要的沟通工具，拥有一个 QQ 靓号自然能够获得众多 Q 友的羡慕。于是黑客、木马程序等纷纷开始向 QQ 号码伸出了"黑"手。不少人都曾经有过 QQ 号被盗的"血泪史"，每日在担心自己的靓号被盗，导致生活、交流上产生很多困扰。

在此，我向大家推荐以下 11 条防盗建议，从而帮你更有效地预防密码被盗。

1. 设置较为复杂的密码。

给你的 QQ 设个比较复杂的密码。在密码中用上一些特殊符号，如★、#，甚至汉字，而且长度最好超过 8 位。

2. 及时申请密码保护。

这是最可靠的方法了，万一 QQ 真的被盗了，也还可以拿回来，使损失减少到最小。

3. 分类设置密码。

分门别类地设置密码，尽量避免在不同地方使用同一个密码。

4. 使用软键盘。

在输 QQ 号码和密码时，调出输入法自带的软键盘进行输入。

5. 经常更换密码。

最好是每个月换一次密码。更换时可以根据一个自己熟悉的规律来设置密码（例如根据月份不同来设置末几位等）。

6. 在输 QQ 号码时在前面多加几个 0。

比如如果你的号码是 123456，在登录时可以把号码输为 00000123456，这样也一样可以登录（不过，通过这种方法登录时有可能找不到没有在线的好友）。

7. 不要打开陌生文件。

不要随便打开陌生人发来的网址、邮件、文件等，即使是你的朋友也要小心，因为虽然你朋友不一定会害你，但却不能保证他不会被黑客利用来害你。

8. 清除上网信息。

包括历史记录、cookies 等。它们可能记录你使用过的各种密码信息等。

9. 尽量使用最新版本的 QQ。

针对 QQ 的攻击工具大都是针对某一版本的，它的更新不会比 QQ 的版本升级更新的速度更快。

10. 清除记录。

清除聊天记录和登录对话框中的号码，清空回收站。

不过，QQ 软件在不断更新，而相应的防黑防盗软件也在日益发展，相信，以后 QQ 的安全性能会越来越高。

第五章

防入室抢劫有对策

入室防抢对保护家人人身
以及财产安全尤为重要。

第一，安装防盗门、窗栅栏、报警器、"猫眼"、视频监控等防范设施，同时加封阳台，农村住房可加高院墙，完善住宅的防范功能，有效阻止歹徒直接侵入抢劫或由入室盗窃转化为抢劫。平时，要注意防盗门（尤其是方管式防盗门）的保险，防止歹徒伸手开门或用专用工具开锁入室。晚上睡觉前，应检查门、窗的关、锁和保险状态。

第二，无论是白天还是夜晚，在回到住处的路上及进入楼道前，一定要留意身后是否有人跟踪。如果发现可疑人员，可到有人的地方停留或向保安求助。切勿直接进入楼道或开门回家，防止劫匪尾随侵入。到家门前应将开门的钥匙准备好，不要临时在手提包中翻找钥匙。

第三，当回到家门口时，要注意观察家门的状态与家人的行踪是否相矛盾（如门敞开或微开着，但确认丈夫正在单位，儿子正在学校），门上是否有破坏痕迹，纱门是否被划破，室内有无异常声响和翻动，等等。发现可疑迹象，千万不要贸然进入，应先退至楼下，并根据具体情况，或向家人打电话求证，或招呼邻居协助捉拿，或打"110"报警。

第四，老人、小孩或女士在家时，对以抄水（电、气）表等为由请求开门的人员，可先通过"猫眼"看清是否认识对方。在无法确定真假时，不妨婉言拒绝，待家人回来后再说，或要求在物业人员的陪同下才能开门，以防不测。对推销、化缘等无关人员一律不要开门。当有陌生人自称送货、送礼品或事先预约搞维修，或家人的朋友前来拜访等，不妨先打个电话核实一下，问清情况后再开

门。家庭成员预约访客和送货时，最好事先给家里老人、保姆等交代清楚，以备核实、查验。

时下，"网购"已成为时尚，而快递公司的人员每天穿梭在居民小区、办公楼等区域，很多人对这一群体缺少必要的防范措施。一些不法分子便利用这一特点，冒充快递人员借口送邮件，趁事主疏于防范之际，骗开房门进行抢劫等犯罪活动。因此，"网购"时最好预留单位地址，快件一律送到单位。遇到有快递人员上门送货时，要先请对方出示工作证件，然后核实收件人姓名等基本情况，确认后再开门。同时，建议快递公司加大管理力度，要求快递人员统一着装，佩戴上岗证，这样可最大限度地避免不法分子冒充快递人员作案。

第五，在出门倒垃圾、取牛奶等开门之前，先通过猫眼观察门外有无异常情况，有无陌生人员；在确认安全后，再打开房门。从出门到回家，在楼道、电梯等处，都要注意留心陌生、可疑人员，防止遭遇突然袭击。

【案例】一日上午9时许，犯罪嫌疑人高某、吴某各自携带一把尖刀，窜至某花园小区，步入电梯随意选择至7楼。当两人下电梯时，迎面遇见走进电梯的居民杨某（女，54岁）乘电梯下楼。他们分析，杨某身穿睡衣睡裤，估计是临时出门，不多时就会返回家中，两人决定抢劫杨某家，并在7楼的楼道门后等候。过了半小时左右，杨某果然乘电梯返回7楼。杨某走下电梯后，走向楼道门对面的一个房间，掏钥匙开门时，高某、吴某持刀上前，挟持杨某闯入房内，采用捆绑、堵嘴、扼颈的手段，致杨某机械性窒息死亡，并劫取人民币1300余元及项链、戒指等物。

第六，无论白天，还是夜晚，遇有执法人员敲门时，不管对方出于什么理由，一定要多个心眼，要求对方出示工作证件，在核实其身份后才能开门，谨防歹徒冒用公、检、法等执法人员的身份入室打劫。

第七，每次人口普查时，都会发生一些不法分子冒充普查员入室抢、骗、盗的案件。市民要学会识别真假普查员的方法：一是查看证件。普查员入户之前，会佩戴并主动出示自己的人口普查员（或普查指导员）证件，表明身份并说明来意，证件上有姓名、编号和普查员的照片，并盖有县级人口普查办公室的公章。另外，您也可以留意普查员是否配备印着"中国人口普查"字样和标识的垫板、签字笔、资料袋等工作用品。二是无须回答登记表以外的隐私问题。普查表内容主要包括：姓名、性别、年龄、民族、国籍、受教育程度、行业、职业、迁移流动、婚姻等，并不涉及经济收入等隐私问题。当对方问及有关金钱、隐私或推销产品，市民可不回答并提高警惕。三是及时核查身份。如果市民对普查员身份存有疑虑、难以确定的，可以拨打当地"人普办"、社区居委会的电话，核实普查员编号及身份。

第八，无论在家中或暂时离开一会儿，切莫忘记锁门并上保险。

使用具有内外开、锁功能的防盗门的家庭，上班一族在离家

时，可以顺带将门上保险，以防歹徒撬门、开锁入室，家人防不及防；同时，遇到有人叫门时，在家的老人及家庭主妇更能从容应对，起到缓冲作用。

第九，若有陌生人打来电话，应让对方通报身份及事由，千万不要把自己的姓名、地址告诉对方。须知陌生人打电话给你，可能是为了查探你家在某段时间内是否有人、有什么人。

第十，无论是白天还是夜晚，住在一楼的居民都应视情拉上相关窗帘，防止不法分子窥视室内，打探虚实，伺机作案。

第十一，平时要养成睡前锁好卧室门的习惯，不要敞门或将钥匙插在锁孔里，防止犯罪分子长驱直入进行盗窃或抢劫作案。

第十二，夜晚，如果家中突然停电，不要急于开门，应先查看附近楼房或邻居家中是否停电。若只是自己一家停电，可在家中稍待片刻，细听室外是否有脚步声或其他异常响动，待确认无异常情况后再打开房门。防止歹徒利用断电的手段，引诱事主开门查看，强行入户抢劫。

第十三，家中尽量不要存放大额现金，尤其是独居老人及单身女性更应注意。

第十四，切忌在外人面前露富、炫富，不泄露家中贵重物品的信息和位置。

第十五，家里的保险柜应放置在隐蔽处，如将保险柜固定在橱、柜内；或将保险柜用钢筋混凝土浇铸固定在墙内，外用画匾等物遮挡；等等。忌将保险柜暴露在客厅、卧室等外人视线能及的部位。

【案例】一日上午 8 时许，犯罪嫌疑人苏某受公司指派，和两名员工一起到市内一客户家做保洁。当发现该客户家主卧室有保险柜时，苏某认为客户家有钱，产生劫财的歹念。做完清洁，苏某等三人回到公司后，苏某去工具房拿了一把榔头返回客户家作案。苏某以修纱窗为幌子，骗开房门，将客户家 76 岁的老人杀死。随后，苏某撬保险柜但未能打开，便在客户家劫走 700 余元后逃离。

第十六，慎重交友，不将不明底细的人员随便带回家中，也不要将自己的住址、工作单位、家庭成员、电话号码等情况随意告诉陌生人。

第十七，雇请保姆等家政人员，应通过正规中介机构，并验明其真实身份。很多案例也在提醒家政服务行业：公司之间应互通"黑名单"等信息，以避免一些不法分子"打一枪换一个地方"，屡屡得手。同时，政府部门如果能为家政服务机构建立一个联网平台，或要求到辖区派出所报备，及时验证服务员身份信息的真伪并确认是不是网上追逃人员，是否具有前科劣迹，将会避免许多雇主受害。

第十八，平时，将家中的菜刀、剪刀、工艺刀等可被盗贼、劫匪用来行凶的工具放在隐蔽处。

第十九，遇到劫匪抢劫作案，应沉着冷静，客观地分析双方力量对比，机智地采取相应对策（具体内容将在后文具体阐述）。

第六章

楼道防抢有高招

楼道防抢要留心周围环境，
保持高度的警惕性。

第一，天黑回家，可在回家前打个电话，让家人提前下楼接应，以降低被抢风险，提高安全系数。

第二，当上电梯时，发现旁边有陌生男子，在没有充分把握的情况下，最好不要与此人共同使用电梯。

第三，养成进入楼道之前观察四周的习惯，多留意楼道附近有无陌生人，身后有无陌生人尾随跟踪。如发现可疑人，要尽量往人多、亮处走，或及时与家人联系，让家人出来接应。

第四，经常在夜晚回家的女性，应配备手电筒并随身携带，进入前向身后及楼道进行探照，观察有无"尾巴"，有无陌生人。手电还可以起到震慑作用，使犯罪嫌疑人认为事主是有戒备心理的，有时会放弃作案。万一遇袭，可用手电照射歹徒眼睛，使其暂时眼花，自己可趁机快速逃脱；铁壳或者塑料外壳的手电筒也可用作自卫反击的工具。

第五，进入楼道前，要注意"三不"：一是不听"随身听"，不思考问题，当陶醉在音乐声中或沉浸在思考中时，容易放松警惕；二是不埋头找钥匙，分散注意力；三是不与陌生人同进楼道，防止对方突然袭击。

第六，随身携带辣椒水喷雾器等防身物品。

第七，加强邻里守望。俗话说"远亲不如近邻"，每个家庭都是居民区的一分子，邻里之间要互相照应，尤其是男性居民，发现在居民楼附近徘徊、转悠的陌生人员时，要密切注意其动向，必要时可以主动询问，核实情况。

此外，住宅开发公司、物业公司要强化居民小区的安全防范措

施，加大相关硬件、软件设施的投入，适应城市化进程不断加快的要求。一是在小区出入口等部位安装监控探头等设施；二是安装楼宇防盗门、楼道声控灯等设施；三是保安人员在值勤过程中要加强巡逻、盘查工作，注意发现形迹可疑的人员。

第七章

老年人防抢有对策

早晨及白天是老年人遭受抢劫犯罪侵害的高发时段

老年人是入户抢劫和驾车劫持抢劫的主要受害者

老年人防抢攻略

老年人随着年龄的增长，反应逐渐迟钝，记忆力、感知力、抽象思维能力逐步下降；他们的孤独感随之增强，遇到"热心人"，会感到特别温暖，很容易轻信受骗；加上体质较弱，抵抗能力差，在现实生活中，常常被犯罪嫌疑人选择为抢劫、诈骗的侵害目标。

一、早晨及白天是老年人遭受抢劫犯罪侵害的高发时段

1. 老年人习惯早睡早起，上街买菜、购物、锻炼身体是很多老人每天开始后的"必修课"，由于早晨这段时间街头、公园等场所青壮年人员相对较少，给不法分子进行抢劫、诈骗等犯罪带来有利条件。

【案例】西安的刘女士和丈夫老商结婚20多年了，平日里，刘女士去自己的公司打理生意，退休在家的丈夫则摆弄些花草，陶冶性情，日子过得很有乐趣。2005年7月24日，星期日，老商一早起来，说要出去给家里养的金鱼买点儿鱼虫。

刘女士随后自己去了公司，等她中午回到家时，却发现丈夫还没有回来。刘女士想是不是碰到熟人了？可是到了晚上，丈夫也没回来，刘女士一直找到深夜，能找的地方都找遍了，也没找着老商。

刘女士开始有种不祥的预感。她发动亲戚、朋友在西安四处寻找，然而3天过去了，65岁的丈夫却始终杳无音讯。生活中一向坚强的刘女

士，整日以泪洗面。

抱着最后一线希望，刘女士向警方报了案；同时，她在西安的报纸上刊登了寻人启事，盼望丈夫能回到自己的身边。

这时，西安警方已经开始了相关的调查。此前，他们就接二连三接到老人突然失踪的报案，已有9人之多，其中凸显出的一些共同点，让他们觉得这似乎不是单个的案件；一是这些老人走失的时间都是六七月；二是地点也比较集中，都是西安市内的公园、花鸟市场，还有两个大型的蔬菜批发市场；三是失踪的老人都在60岁以上，彼此并不相识；四是从家属反映的情况看，这些老人都举止得体，失踪当天衣着整洁，而且，民警注意到一个重要的细节：每一个失踪的老人都戴有一枚金戒指。

金戒指！警方怀疑，这也许是导致这些老人失踪的真正原因。警方分析，西安目前可能存在着一种针对老年人的犯罪活动，作案人可能是一人，也可能是一个团伙，老人手上戴的金戒指是其作案的目标，由于所侵害的对象年老体弱，无力反抗而容易得手。

但警方不能确定的是，每起失踪案均发生在上午，发生在人群集中的地方，作案人是如何把一个神智健全的老人控制住的呢？更关键的问题是，这些老人现在何处，是生还是死呢？

就在警方努力寻找破案线索的时候，一直没有放弃找寻丈夫的刘女士，在西安郊外的一个荒地，意外地发现了一个满身泥泞的老人，他与她失踪的丈夫年龄相仿；老人头部有伤，身体极度虚弱，看上去濒临死亡。

刘女士把老人送到了附近的医院，经过救治，老人想起了自己的姓名叫万某，除此之外，他什么都记不起来了。这个人是否也是失踪的老人呢？刘女士将这一情况报告了警方。

通过户籍查询系统，警方找到了万某的儿子，据他说，父亲在两天前的早上出门买菜，此后一直未归，当时父亲带了300元钱，一部手机，手上还戴有一枚金戒指。金戒指！听到这里，警察一下子明白了。

警方推断，其余的失踪老人，也许和老万有着同样的遭遇。他们受到的是同一作案者的袭击！

就在这段时间里，西安又发生两起类似的失踪案件，同样是在白天，同样是戴有金戒指的老人。如果不能及早破案，将会有更多的老年人受到伤害，警方承担着越来越大的破案压力。

串联12起失踪案的案发地点，警方画了一个范围，着手对其中每一个收购二手首饰的摊点展开细致调查。

不久，在一家首饰加工点，他们发现了一名老人失踪时所戴的戒指。这个加工点的老板立即受到传唤。他承认，戒指是他的几个熟人卖给他的，而且，他们之间不止一次有过这样的交易。这一信息让警方感到振奋，他们顺藤摸瓜，抓获了三男三女，并搜出了大量与此案有关的物证。

民警从他们其中一个人手上，发现了一块"飞亚达"手表，这块手表正是刘女士的丈夫老商失踪那天所戴的。但是，一直苦苦寻找丈夫的刘女士，等来的却是一个坏消息：根据几个犯罪嫌疑人供认的作案地点，警方只找到了老商的尸骨！

而其他10名失踪老人中，有3人被害，7人受伤。7名生还的

老人已陆续被找到，与家人团聚。

4 名老人死亡，8 名老人受伤，这一犯罪团伙制造的累累罪行让人痛恨，值得我们注意的是，本案中原本心智健全的老人怎么会在大白天从人群集中的地方，来到荒郊野外，遭到这伙人的攻击呢？

该犯罪团伙三男三女均为无业人员。每次作案前，他们先来到公园、花鸟市场或菜场，选择手上佩戴金戒指的老人（在他们看来，金戒指是有钱的象征），在确定了目标后，团伙中的女人便主动上前与老人搭话，以家里有非常好的鸟、鱼、古董、字画等为借口，将老人骗至荒郊野外，而 3 名男性同伙，则尾随跟踪。

来到偏僻无人处，3 名男性同伙便冲上前，将老人打晕，然后洗劫老人身上的钱财，逃之夭夭。由于年老体弱，老人们很难经受得住如此突然的打击，有些老人就因为没有得到及时的救助而死亡。

抢劫后，他们将金戒指等物品以低价转卖掉，进行分赃，等到挥霍完不义之财后，就开始下一次作案，目标仍然是戴金戒指的老人……

2. "8 小时"内，上班、上学族忙碌在各自的工作、学习岗位，老年人成为家庭的守望者，承担着安全防范的重任，稍有不慎，很容易成为入户抢劫犯罪的侵害对象。

二、老年人是入户抢劫和驾车劫持抢劫的主要受害者

1. 入户抢劫案件大多发生在白天，因而，独自在家或在家时间相对较长的老年人自然是主要受害者。

2. 犯罪嫌疑人驾车劫持抢劫，暴力性质明显。

此类案件一般具有以下特点：

（1）作案时间大多在白天。

（2）犯罪嫌疑人大多驾驶面包车或轿车，在城郊及农村行人稀少的路段伺机作案。

（3）团伙作案，以外来无业青壮年男性人员为主。

（4）作案时以拉客等为由将事主强行拖上车后实施抢劫。

（5）被侵害对象大多为单独行走的老年人，其中女性居多。

（6）作案目标为事主随身携带的现金、首饰、手机等物品。

三、老年人防抢攻略

第一，老年人要提高防范意识，一人外出锻炼、购物、走亲访友时，携带适量现金即可，不要佩戴项链、手镯、戒指等金银首饰。

第二，老年人不要办理存取款、购买贵重物品等涉及大额现金的事宜。

第三，独自一人不要去陌生的地方；不管为何事去何地，不要

接受陌生人的邀请，不要轻信陌生人的花言巧语和承诺；不要透露家庭经济、成员等情况，以防抢劫或绑架陷阱。

第四，出门在外时，要警惕劫匪驾驶汽车劫持抢劫。无论是白天还是晚上，在市区，应在人员较多的公交站台处候车；在郊区及农村，应尽量在有房屋、小店及行人的地方候车，避开偏僻路段。外出时尽量结伴而行，对在路边停靠过久的面包车不要轻易接近。不要乘坐黑车。

第五，老年人一人在家时，千万要关好防盗门窗并上好保险。除非家人事先有交代，外人来访、维修、送礼等，先从门上的"猫眼"或"窥视孔"看看是否认识，如不认识要婉言拒绝，可请其改日再来或与家人联系；其他诸如推销员，上门化缘的尼姑、和尚，公司的问卷调查员等，也应一概拒绝。准备外出时，先通过"猫眼"观察确认无可疑人员再打开房门。

第六，在城市和农村，"空巢老人"、"留守老人"越来越多。子女平时要多与老人通通电话，经常回家看看，与老年人交流沟通，驱散其孤独感；此外，邻里间的相互守望显得尤为重要。独居老人一旦遇上歹徒，在孤立无援的情况下，首先要考虑自身生命安全，切忌盲目反抗。例如，在被劫匪盯上后，要表现顺从，晓之以理动之以情，以免遭伤害；再如，在熟睡中被盗贼行窃的响动惊醒时，应"装聋作哑"，保持冷静，不要开灯、喊叫、反抗，以免盗贼狗急跳墙伤害人身，如有可能，暗暗观察，记住盗贼的面貌特征。

第八章

小学生防抢有策略

小学生防抢

中学生、大学生防抢

在抢劫案件中，虽然抢劫学生的比例相对较小，但由于学生尤其是中小学生的身体和心智处于发育、成长时期，一旦遭遇抢劫侵害，会对其心理健康产生较大的负面影响。

一、小学生防抢

（一）抢劫小学生案件的主要特点

1. 小学生因年少力小，常常成为高年级"差生"及社会闲散青年抢劫、敲诈勒索的对象。

2. 小学生遭遇抢劫、敲诈勒索的时间、地点，主要在上学和放学的途中及学校附近。

3. 小学生是白天入户抢劫的主要受害者。因此在家时，小学生也要时刻保持警惕，做好防范工作。

（二）小学生防抢攻略

1. 尽量与同学结伴上学、回家，尽量不要单独活动；上学、放学尽量走大道，不走偏僻小路。

2. 身上不要携带太多的现金，女生不要佩戴金银首饰或玉器，穿着打扮要朴素，言谈举止不张扬，不在外人面前炫耀自家财富；平时花钱不要大手大脚，以免引起不法分子的注意。

3. 平时注意锻炼身体，有了强健的体魄，即使无法制伏犯罪嫌疑人，也可以快速逃脱。

4. 在学校或路上被人抢劫、敲诈勒索时，可采用以下方法进行应对。

（1）保持冷静，不要害怕，尽量说好话，说明自己没有带钱，避免跟对方争吵。

（2）如果对方继续坚持要钱，就跟他们假装说回家取或下次给，然后趁机跑掉。

（3）如果还不行，就拖住周围的大人喊"救命"。

（4）如果你一人在路上被人抢劫、敲诈勒索时，尽量不要反抗，不要"硬碰硬"，实在脱不开身时，可以给点儿钱，但一定要记住对方的体貌特征，事后向学校或公安机关报案。千万不要拉住急于逃跑的歹徒不放，这样容易造成歹徒狗急跳墙，使自己的人身遭受伤害。

（5）同学之间要互相团结和帮助，共同对付犯罪嫌疑人。

5. 一人在家时，一定要关好防盗门窗，有时也可将电视机或录音机打开，造成家里有大人的假象。

6. 有外人来访时，先从门上的"猫眼"察看是否认识，不认识的绝不开门。如果对方称认识你父母，可以礼貌地请其留下姓名、地址、电话，请其改日再来。

7. 万一陌生人已经进屋，应当虚张声势，一面给他在客厅里让座（注意不要带他到房间里），一面对他说："父母在邻居家，过几分钟就回来，您稍等一会儿。"

这样做的好处是，如果对方是坏人，你可以将其吓跑；如果真是父母的朋友，你也不失礼貌。然后赶紧出门，向邻居求助，或到邻居家打电话向父母核实情况。如果入室者真是歹徒，应避免独自与其搏斗。

8. 如果无法逃离，就迅速躲到另一间房子里，锁紧门，打开窗户向外大喊救命。

二、中学生、大学生防抢

（一）抢劫中学生、大学生案件的主要特点

1. 作案时间一般发生在校园及其周边人员稀少时，如中午、白天上课或晚自习时等。

2. 抢劫案件大多发生在校内外比较偏僻、阴暗、人少的地带，一般为树林中、小山上、灯光暗淡的公路旁、未竣工的建筑物内。

3. 抢劫的主要对象是携带贵重物的、独自行走的、因谈恋爱滞留于阴暗无人地带的学生。

4. 从作案人员看，除了个别是流窜作案外，多数是校园及学生公寓附近不务正业、有劣迹人员，或居住在这些地方的外来人员。这些人对校园周边环境较为熟悉，往往结伴作案，作案时胆大妄为，作案后易于逃匿。

（二）中学生、大学生防抢攻略

1. 住学校宿舍、公寓是最安全、明智的选择，如果租住在校园周边地区的民房，在上学和放学的路上会增加遭抢劫的风险。

2. 外出散步、游玩、活动时，不要随身携带过多现金和贵重物品。如果携带较多现金，最好是结伴前往；现金或贵重物品最好贴身存放，不要置于手提包或书包内。

3. 不外露或向人炫耀贵重物品。

4. 如果独自外出或与恋人约会，最好避开人员稀少、偏僻、视线不良、遭劫无援的时间和地点。单独外出时，不要显露胆怯害怕的神情。

5. 一旦被抢，应及时报案，向警方提供歹徒体貌特征等情况。

【案例1】一个蒙面人持刀闯进福建省浦城县光明社区一幢居民楼抢劫，当场吓晕80多岁老妇人，正在卧室做作业的高中女生小杨临危不惧，机智地向路人扔纸条求救，终于擒获了劫匪。事后，附近居民都对女孩的机警和勇气赞叹不已。

当晚11时，小杨的姥姥刚打开家门准备倒垃圾，一个蒙面人突然闯进屋子并将老太太推进厨房。老太太急切呼喊："快抓贼，快抓贼……"但只喊了两声就没有声音了。正在卧室做作业的小杨马上意识到家中遭抢劫了，虽然一阵惊慌，但机警的她立即将卧室门反锁上。尽管能清晰地听到劫匪在外间翻动橱柜，她仍镇定地躲在屋里一声不响，并用水彩笔写了"快救我，我在304室"字样的纸条揉成一团从窗户扔到楼下。先后有两个过路人从楼下经过，遗憾的是都没有注意到楼上扔下的纸团。几分钟后，两名保安夜巡经过此地，小杨急中生智抓起茶杯盖向夜巡人员扔去，接着又将准备好的纸团扔给保安。保安迅速按纸条的门牌找到小杨家，蒙面劫匪还没明白怎么回事，就被保安从厨房揪了出来。被吓晕的老太太经一番施救后，也恢复了神志。

当保安揭开蒙面人的头罩时，小杨发现劫匪竟是一个月前被她家辞退的保姆的丈夫张某。

【案例2】新闻媒体曾广泛宣传抚顺女工张某智斗入室抢劫的歹徒的感人事迹，具有典型的教育意义。1999 年 7 月的一天上午，35 岁的张某下班回家在门口脱、换鞋时，隐约觉得背后有人飞快地跟过来，未及转身，就被人猛推一把，栽倒在地。歹徒关上门，一手握刀，一手掐住张的脖子，低声喝道："钱呢？"张某被这突如其来的袭击吓了一跳："你是干啥的……你让我起来……我给你拿。"歹徒放手后，她才清醒了许多。她把兜里的 20 多元钱全部掏了出来，并按歹徒"旨意"又将项链、戒指摘下，说："还没发工资，没有钱了。"歹徒不信，找来绳子将她捆绑（她故意撑开两手腕之间的距离，好让绳结松一点儿），接着在橱、柜里翻钱。张某想起新闻报道里说，歹徒尽管穷凶极恶，其实心虚得很。于是她在听出了歹徒是本地口音，并记住了他的体貌特征的情况下，吓唬歹徒说："我爱人出门办事，一会儿就回来，我弟弟今天中午也要过来，你没看到我买了那么多的菜吗？那就是为他们中午吃饭准备的。你赶紧走吧，晚了就出不去了。"为了缓解气氛，迷惑歹徒，她又以同情的口吻说："你也不容易，走了这条路肯定是逼出来的。我也挺困难的，你把钱拿走就完事了，咱们相互理解一点儿。"这时，门外响起了急促的敲门声。原来，张某上楼时遇到邻居赵家的 15 岁男

孩，男孩见一个40多岁的陌生男子蹑手蹑脚跟在张某身后，感到可疑，便站在楼道上观察动静，当听到张某的尖叫声和重重的关门声时，男孩赶忙将情况告诉父亲，其父立即向"110"报了警。

张某见歹徒大气不敢出，为防止其狗急跳墙，装作若无其事的样子说："外面可能是收电费的。"可是，歹徒却熬不住了，一会儿蹲在门边听听，一会儿又走到窗前往下看看。这时，大门再次被敲响，门外传来民警用对讲机讲话的声音，歹徒通过"猫眼"向外看，顿时惊恐万状，在屋里紧张地转来转去。这时，张某完全有机会冲过去开门，但这一行动如不成功，很可能招致歹徒的极端报复。她觉得最紧要的是在民警冲进来之前稳住对方。

于是，张某的胆子大起来，开始不住地说话，想动摇歹徒的心理防线："你看楼下是菜场，人很多，你跳下去也逃不掉，再说楼这么高，摔不死也会落个终身残疾。"歹徒嘴挺硬："警察冲进来，我拿你当人质。"说完，把刀架在张某的脖子上。此时，张某见歹徒头上的虚汗直淌，就说："你要是杀了我，肯定也没好结果。你最好把刀藏起来，因为在法律上拿刀与不拿刀是两回事儿。"见歹徒的态度渐渐软了下来，张某又劝道："你现在已出不去了。国家法律规定坦白从宽、抗拒从严，你自己去开门与警察冲进来抓你也是两种性质。""警察进来，你不说啥吧？"歹徒近乎乞求地问道。"我不说。"张某口气坚定。

歹徒先把刀、绳等作案工具塞进张家的冰箱里，又把抢来的200元钱藏在鞋垫下面（可气可笑的贪婪本性），还把戒指、项链一一还给了张某。处理停当，歹徒让张某开门。民警一跃而上，扑住

了歹徒……

事发后，张某说："当时我首先想到的是如何保全自己的性命，这比什么都重要。"她深有体会地说，女性作为一个特殊的群体，最容易遭受侵害，一旦遭遇突发事件，不能太软弱，这会助长歹徒的气焰；但也不能不讲策略地一味强硬，这可能招致杀身之祸。要尽快镇定下来，寻找对策与歹徒周旋，沉着勇敢，以智取胜。

【案例3】一日凌晨，某市一幢没有灯光的住宅楼里突然传出一声短促的女子尖叫，一名热心邻居随即拨打"110"报警。该市3名巡警随即来到现场，经过一番搜寻，发现发出尖叫的房间里寂静无声，但这户人家的防盗门是虚掩着的，里面的木门却紧锁着。民警随即敲门，让里面的人开门。但是敲了20分钟，一直没人开门。民警顿生疑问，便悄悄将耳朵贴在门板上，捕捉到屋内有一丝轻微的声响。民警立刻踹开门，发现屋里竟藏着3名蒙面持刀歹徒，3名女子被捆绑在屋中。在几分钟时间里，民警和劫匪展开殊死搏斗，将3名劫匪全部生擒活捉。

据事主小红说，凌晨1时许，她和同屋的姐妹小丽在外面唱完歌回家。在敲门让保姆小华开门时，她们隐约听见楼下的拐角处有动静，但用手电筒照了照，没有发现什么异常情况。当小华打开防盗门时，楼下突然冲上来3名蒙面持刀男子，将3人捆绑起来。劫匪进屋后四处翻箱倒柜，找出手机、银行卡和存折。当劫匪威逼3名女子说出密码时，听见民警敲门声，其中两名劫匪顿时慌了手脚，连忙跑进西卧室打开窗户，准备跳窗逃跑。在客厅的劫匪则一

再安慰同伙："冷静、冷静，他们一会就要走的！"在此期间，小红一直在用脚在地板上蹭，希望引起民警的注意。

【案例4】电影《保持通话》中，大S扮演的单亲妈妈被歹徒锁到一个货柜内，趁无人看守时将一台损毁的电话重组，奇迹般地打出一个电话，搬来了救兵。

8日凌晨1时10分，在浙江宁波市邱隘镇文卫路上，同样上演了用手机救人的一幕。

报警的女子姓熊，90后。8日凌晨0时30分左右，她下了夜班回家。

从厂里到宿舍约1000米的距离，走10分钟就能回去。但午夜，四周一个人都没有，小熊一时害怕，拨通了男友的电话。正是这个电话救了她。

很快，她走进了宿舍区大门，沿着河边一小路行走，刚和男友说了句："我快到家了。"突然，从身后冲上来一名男子，勒住了她的脖子，捂住了她的嘴，压着声说了句："把钱拿出来！"小熊明白了，自己遇到劫匪了。她垂下双手，趁机把手机放在了裤子口袋内。

此时，手机保持着通话状态。

男子抢劫后聊起了天："钱算借的，不能报警。"

借着月光，小熊看清楚了，劫匪年纪很小，可能不到20岁，160厘米左右的身高。男子将小熊拖至附近一辆小车尾部，将其按倒，拔出了刀，"我只要钱，手机这些东西都没用！"

在抢得 25 元钱后，男子反而不知所措。因担心女子喊叫，他待在原地聊起了天。

"这钱算是借的，我会来还的，但是你不能报警，否则……"听到劫匪在耳边略带俏皮、一字一顿地说出这句话时，小熊简直不敢相信自己的耳朵。因为这时，对方手里那把水果刀，还硬生生地抵着自己。

不过，她心里已经有了底，因为裤中的手机一直上演着"保持通话"。为了让男友听到自己的遭遇，小熊说话时放大了声响。

而男子也没发觉，得手后，蹲坐在对面，和她不着边际地瞎扯。

男子表示，他姓杨，今年20岁，江苏东海人。他说，前段时间被网友骗至宁波，现在手上没钱了，只是想弄点儿钱回家。男子言辞之切，一个劲地请求她不要报警。

聊了近10分钟后，男子准备离开。这时，男友和邱隘派出所民警赶了过来。几人合围，将男子拿下。

原来，小熊的男友正是通过手机，听到了歹徒的对话，才报警的。

【案例5】章女士下夜班回家，拐进巷道时，身后传来急促的脚步声。她转过身，借着远方路灯的余光看到两个男青年朝她走来。她立马联想到昨晚邻居一女子被两名男子抢了，不由一惊，但很快便镇静下来。她用平稳而高亢的声调"关心"地问："兄弟，你们找谁呀？我给你们喊，这个巷子里的人我都熟。"其实，她刚搬来，

一个人也不认识。两青年被这突如其来的"关心"震住了，愣愣地站着。章女士趁机往前走，边走边掏出钥匙，并故作轻松地哼起小调。这时，身后又响起越来越近的脚步声，她立即转身问："兄弟，你们好像是三儿的朋友吧？要找三儿我给你们喊。""三儿——三儿——"她不停地边走边大声叫喊。喊声使两青年不敢向她靠近。她已到门口，迅速开门进屋，并电话报警。民警闻警而动，将两青年抓获，并从其身上搜出匕首。他们对自己预谋抢劫的行为供认不讳，并供出包括头天晚上在内的系列抢劫案。

【案例6】一个是身高不足1.58米，体重只有40千克的弱小女司机，一个是手持片刀的劫匪；女司机与劫匪周旋50分钟后，成功协助巡警将其抓获，而自己毫发无损。

这天上午8时40分许，一名身着西服的男子在璧山县城坐上了施女士的出租车，称要去来凤镇。车启动不久，施女士便发现乘车人的手臂上有多处刺青，立即提高了警惕，并开始旁敲侧击。施女士用自豪的口吻说起璧山的治安很好，并将沿途经过的多个治安岗亭指给该男子。接着，施女士又谈起出租车生意不好做，还故意把车上的30多元钱翻出来给对方看。

当车行驶到来凤镇时，男子要求施女士将车开进一条仅有一车多宽的小巷子中。施女士故作不解地问对方："前方修路了，过不去，怎么办？"见此，男子恼怒地喝令施女士把车重新开回县城。预感情况不妙的施女士给丈夫打了个电话，让丈夫在沿途等候自己。

当车行驶至一转盘处时，施女士发现那里发生了车祸，有很多人聚集。碰巧，有两人拦车欲搭车回县城，施女士便放慢了车速和那两人搭讪。就在这时，一个凉飕飕的东西架在了脖子上，同时耳边传来威吓声："快开车！"

不多时，车行驶到了收费站，施女士称从收费站下车可以逃跑，并一再保证她不会报警。并开导劫匪道："前面有车，冲过去是不可能的，就算冲过去，也会被人抓到的。"抢匪听从了施女士的劝告，就在交过路费的同时，施女士打开了车上的应急灯。

就在施女士经过转盘时，"的哥"陈师傅看到了歹徒将片刀架在她的脖子上。陈师傅随即掉转车头，一直尾随在施女士的车后，并用电话和警方保持着联系。

上午9时8分，璧山县公安局巡警大队接到报警电话，立即展开布控。很快，施女士的车后加入了两辆警车，劫匪开始慌乱起来，并要求施女士停车。

就在警车几乎将施女士的车合围起来时，施女士猛踩刹车，准备下车的劫匪一下子栽倒在地。机智的施女士大喊："往左侧跑！"对方没有多想，就朝左边跑去。这一跑恰好钻进了巡警的包围圈，劫匪被包围后，将手中的刀扔在地上，高举双手并大喊："我投降！"从接警到抓获劫匪，璧山警方只用了8分钟。

经讯问，劫匪蒋某为四川邻水县人，3天前来到璧山，由于求职未果，身上只剩下10多元现金。作案前，蒋某准备了迷药和片刀。

【案例7】3名歹徒在豪华"大巴"上持刀抢劫，在机智乘客悄悄用手机短信报警后，高速公路交警火速出警，将3名持刀歹徒制伏。

这天下午4时许，河北省青州高速公路交警大队接到报案称，在一辆潍坊至济南的大巴上，有持刀歹徒在翻动乘客的箱包、物品。值班的朱副大队长立即带领10名交警在下行线青州服务区设点堵截。

5分钟后，交警截获大巴，并立即登车，对车门、车窗等进行了控制，抓获3名歹徒。3人均为黑龙江人，他们从潍坊车站上车后分别坐在大巴的前、中、后位置。当车驶上高速公路后，他们凶相毕露，手持匕首翻动乘客的箱包、行李，碰到乘客反抗就拿匕首威胁，全车乘客敢怒不敢言，多亏坐在最后一排的一名乘客趁歹徒不注意，机智地用短信报警。

在乘客的帮助下，交警又在车上查获了他们从别处盗抢而来的赃款及笔记本电脑等赃物，价值3万余元。

【案例8】2004年2月4日，长春市东大桥附近某公司的大墙外发生一起抢劫案件：劫匪为抢包刺伤一名女大学生，市民李先生见义勇为，当他在众人的帮助下将劫匪制伏后，意外地发现，被抢女孩竟是自己的女儿。

李先生是长春市公路客运公司的一名司机。2月4日中午，他像往常一样开车回公司。11时40分许，他在清理车厢时，突然听到墙外有人呼救。他透过墙上的铁栅栏向外一看，发现远处一名男子正与一女子争抢一只包，那名女子被打倒在地，一边与男子搏斗，一边大声呼救。见此情景，李先生急忙跳到墙外向现场跑去，抢包男子见有人追来，便向伊通河方向逃跑，李先生则打了一辆出租车紧追于后。

追出一段距离后，李先生见该男子跳进了伊通河河坝内，便也下车跳下，继续追赶。最后，李先生与随后赶到的长春市巡警支队两名民警将该男子抓获。

当众人押着劫匪回到案发现场时，被抢女子已从地上爬起，李先生惊讶地发现：被抢的女子竟是他的女儿！此时，她的肩膀右后侧部位已出了不少血，白色羽绒服都被血浸透了，原来，劫匪的刀扎在了她的右肩上。大家急忙帮李先生将女儿送到医院。

在外科急诊室里，惊魂未定的受害人李某说，她是长春市某高校的学生，想趁中午时间去看看父亲，当她走到父亲单位的西墙外时，遭到了抢劫……

【案例9】一天晚上10时30分，林某与朋友聚会后，在北京朝阳区某银行的ATM自动柜员机取款后，正欲转身离开时，被突然闯入的一名蒙面男子推倒在地。该男子提刀顶住林某的腰部，逼她将银行卡重新插入取款机中，当ATM机显示余额不足百元，无法取出时，男子又逼其交出1000元现金。为了稳住对方，林某从容与其交谈，在得知其抢钱是为母亲"看病"时，便假称自己身上虽然没有带足钱，但可以让朋友马上把钱送过来，并借用对方的手机向朋友借钱。趁男子不注意时，顺便道出了自己取款遭抢的情况。警方接

到报警后迅速出警，将男子当场抓获。

原来，犯罪嫌疑人孙某为了满足自己在女友面前摆阔的虚荣心，曾多次向父母、朋友借钱，可入不敷出的孙某总是感到手头拮据。4个月前的一天晚上9时许，孙某在路边等候朋友时，看到一名单身女士走进了对面的 ATM 机房，抢劫的念头便闪现出来，他用围巾遮挡住面部跟了进去，抢得现金2000元。第一次轻易得手的孙某尝到了甜头，于是便连续作案，用同样的方法在 ATM 机房对单身取款的女性抢劫3起。

【案例10】2002年12月7日晚8时许，刚刚参加完报社"热线新闻"版创刊两周年庆祝会的《福建日报》记者王国萍还沉浸在兴奋之中。当她步履轻松地走到自家楼下时，突然被一把刀抵住了腰部，她的第一反应就是遭遇抢劫了！她不由自主地后退了几步，靠在楼房的墙壁上。黑暗中，歹徒命令道："把钱交出来！"

王国萍想到自己口袋里只有10多元钱，她怕给了钱后，不能让对方满足，反而让其觉得受到了羞辱，从而激怒了对方，做出激烈的举动，便随即用非常轻缓的口气解释说："我身上的钱刚刚买了东西，只剩下10多元，如果你要，我就给你。"对方未置可否。王国萍一时不知如何是好，一边猜测着，一边又说了一遍："我只剩下10多元了，如果你要我就给你。"说着伸手在包里摸了一下，摸出一张5元钞票递给对方。

对方一手接过了钱，另一手仍持刀抵在王的腰间，没有任何松动，似乎在说，还要！王国萍又将手伸进包里，又摸出一张5元的票子递给他，对方还是没有什么反应地接了过去。王国萍的心里愈加恐惧了："你如果还要的话，我还有几个硬币。"此时，对方开口说："算了，够吃饭了。"说罢，收起刀转身欲走。

对方的刀一离开自己的腰部，王国萍立时感到安全多了。等他离开后，是赶紧拨打"110"报警，还是赶快回家？还没等她决断，抬头一看，自己面前的这个抢劫者，只不过是个衣衫单薄、身材瘦弱的少年，女性的直觉让她感到，此人不是个穷凶极恶的抢劫犯，像是有什么特殊的原因才不得已而为之，不能过于莽撞。瞬间，王国萍做出了一个出人意料的举动。

就在这个少年抢劫者准备离开时，王国萍却伸手把他拉住了。记者好奇的天性，使她非常想知道，为什么这个孩子会持刀抢劫？她问："你为什么要抢劫？"对方说："我饿，已经 3 天没有吃饭了。"王国萍更加奇怪了："你为什么 3 天没吃饭？"对方转过身正面对着她说："家里非常困难，欠了别人 10 多万元的债，正在念书的姐姐没钱吃饭，母亲有心脏病，我是出来找工作的……"说着说着，他声音哽咽，继而号啕大哭起来。

他说起对母亲的爱和对家庭困难的无奈，让王国萍觉得心痛。因为她也是出生在一个贫寒家庭，后来自己上了大学后，才有了一个相对较好的职业。从大学毕业起，最大的愿望就是有一份稳定的工作，然后成一个家，把母亲接过来，让她颐养天年。但遗憾的是，她毕业才一年，母亲就因为生病去世了。此时，当这个抢劫者说起他对母亲的那种爱，但又无法去帮助母亲时的情景，深深打动了王国萍。在对方痛哭的一瞬间，王国萍情不自禁一下抱住了他。

身为记者的她，决定用自己的力量帮助这个被生活逼到绝境的男孩。

王国萍对这个抢劫者说："你说的话如果是真的，我可以帮你，我是记者。"她觉得对方应该在彼此的相拥中萌生出一种信任。果然，对方说了声好，就把刀扔在了地上。王国萍说："我家就在前面那个楼道，我带你回家吃饭吧？"对方说不要了。王国萍说："那要不这样，你不到我家，我带你到外面吃饭？"对方同意。王国萍弯腰捡起地上的刀，藏在自己右手的风衣袖子里，左手挎着对方，到附近的一家牛肉米粉店去吃饭。

来到米粉店，男孩将抢来的两张5元钞票放在桌子上。王国萍帮他点了一份牛肉米粉后，到一旁拨通了报社的电话，她想和部门领导商量一下，该如何帮助这个男孩。王国萍所在的部门张主任，也是一个非常有同情心有爱心的人。得知消息后，她立即从单位赶来。一看到这个孩子，就用一种爱怜的口吻说："哎呀，你这个孩子啊！阿姨现在带你去我们报社，你不要怕。"

男孩懂事地点点头说："好，我相信你们。"3人便一起来到王国萍办公室。当大家了解事情经过后，一个同事提出，其他怎么帮都是后事，现在肯定要先报案，这事已经触犯了法律，一定要跟公安机关沟通了再说。王国萍意识到这话是对的，即表态同意。张主任一边宽王国萍的心，一边给派出所打电话说："我们这不是一个简单的报案，能不能麻烦你们民警到我们报社来，有些事情我们先沟通一下？"派出所方面非常配合，大致了解了事情发生的经过后，即派陆队长来到报社。听完这个抢劫案的经过后，陆队长觉得案件情况确实较为特殊，是自己从警 20 多年来第一次见到，一是这个抢劫者只要了 10 元钱，完完全全是为了填饱肚子；二是作为受害人一方的女记者的这种行为是一般人无法做到的，她表现得非常勇敢、机智，她是用自己的言行感动了对方。

经了解，他们得知，这个男孩叫小甘，其时刚满 18 周岁，但鉴于报社的请求，不希望这个孩子一下就被带走，以尽量减少此时给他带来的不良影响。陆队长当即向上级部门汇报，并征得同意后，由报社领导做担保人，暂时负责当晚对小甘的监管。作为一名有经验的警察，陆队长也提醒报社的这群热心人，必须首先核实小甘所说的情况是否属实。

当即，报社又与小甘家乡地方政府和派出所取得了联系，确认有小甘此人后，王国萍和派出所的有关人员，又于次日一早带着小甘回家，了解具体情况。可一到小甘的家，同去的人们都非常震惊：呈现在眼前的小甘的家实在是太破了，太穷了。他家的房子是用木头和茅草搭成的，在当地农村已极少见到，几乎是家徒四壁，仅有的几样家当是一张床，一个大水缸，还有一个里面几乎没有米的米缸，连一个最简单的柜子都没有……

派出所民警把小甘实施抢劫的前前后后告诉了小甘的妈妈。小甘的妈妈听后感激地跪谢王国萍："是你救了我儿子，没让他走得更远。"王国萍见此一阵心酸，含着眼泪忙伸出手来拦住了小甘的妈妈："阿姨，你千万不要这样，我受不了。"

此情此景，使王国萍心里阵阵刺痛：贫困的百姓，挣扎在如此艰难的生存状态中。回到单位后，王国萍和她的同事们心情久久不

能平静。帮助小甘家解决一些物质困难并不是一件难事，可怎样帮助这个孩子走出歧途？怎样才能使此事对他以后的人生产生最小的消极影响？这些都成为报社的同事们共同思考的一个问题。

经过商量，大家决定请相关专家一起商讨。从小甘家回来的第二天，福建省公安厅、省高院的相关负责人和法学专家、律师等，因为这起奇特的案子和这个普通的孩子，聚于福建日报社进行座谈。当在座所有的专家学者及司法工作者们听了这件事情的整个经过后，一致认为，此案非常离奇，王记者当时的处理确实很好，这个小孩确实值得救。省高院的一位刑庭庭长说："法的根本意义，不是为了惩罚，而是为了挽救。"

此事见报后，社会各界都伸出援手帮助小甘，缓解了他家的困境。检察院经审理案件后，鉴于情节轻微，认罪态度积极，最终决定对小甘不予起诉。

如今，在王国萍和报社的帮助下，小甘已在闽南地区找了一份安稳的工作，而小甘的姐姐也在热心人的帮助下，顺利完成了学业。

附：打击"两抢"的有关法律规定

附1：《中华人民共和国刑法》

第十七条第二款　已满十四周岁不满十六周岁的人，犯故意杀人、故意伤害致人重伤或者死亡、强奸、抢劫、贩卖毒品、放火、爆炸、投毒罪的，应当负刑事责任。

第二十条　为了使国家、公共利益、本人或者他人的人身、财产和其他权利免受正在进行的不法侵害，而采取的制止不法侵害的行为，对不法侵害人造成损害的，属于正当防卫，不负刑事责任。

正当防卫明显超过必要限度造成重大损害的，应当负刑事责任，但是应当减轻或者免除处罚。

对正在进行行凶、杀人、抢劫、强奸、绑架以及其他严重危及人身安全的暴力犯罪，采取防卫行为，造成不法侵害人伤亡的，不属于防卫过当，不负刑事责任。

第五十六条第一款　对于危害国家安全的犯罪分子应当附加剥夺政治权利；对于故意杀人、强奸、放火、爆炸、投毒、抢劫等严重破坏社会秩序的犯罪分子，可以附加剥夺政治权利。

第八十一条第二款　对累犯以及因杀人、爆炸、抢劫、强奸、绑架等暴力性犯罪被判处十年以上有期徒刑、无期徒刑的犯罪分子，不得假释。

第一百二十七条　盗窃、抢夺枪支、弹药、爆炸物的，或者盗窃、抢夺毒害性、放射性、传染病病原体等物质，危害公共安全

的，处三年以上十年以下有期徒刑；情节严重的，处十年以上有期徒刑、无期徒刑或者死刑。

抢劫枪支、弹药、爆炸物的，或者抢劫毒害性、放射性、传染病病原体等物质，危害公共安全的，或者盗窃、抢夺国家机关、军警人员、民兵的枪支、弹药、爆炸物的，处十年以上有期徒刑、无期徒刑或者死刑。

第二百六十二条第二款　组织未成年人进行盗窃、诈骗、抢夺、敲诈勒索等违反治安管理活动的，处三年以下有期徒刑或者拘役，并处罚金；情节严重的，处三年以上七年以下有期徒刑，并处罚金。

第二百六十三条　以暴力、胁迫或者其他方法抢劫公私财物的，处三年以上十年以下有期徒刑，并处罚金；有下列情形之一的，处十年以上有期徒刑、无期徒刑或者死刑，并处罚金或者没收财产：

（一）入户抢劫的；

（二）在公共交通工具上抢劫的；

（三）抢劫银行或者其他金融机构的；

（四）多次抢劫或者抢劫数额巨大的；

（五）抢劫致人重伤、死亡的；

（六）冒充军警人员抢劫的；

（七）持枪抢劫的；

（八）抢劫军用物资或者抢险、救灾、救济物资的。

第二百六十七条　抢夺公私财物，数额较大的，处三年以下有期徒刑、拘役或者管制，并处或者单处罚金；数额巨大或者有其他严重情节的，处三年以上十年以下有期徒刑，并处罚金；数额特别巨大或者有其他特别严重情节的，处十年以上有期徒刑或者无期徒刑，并处罚金或者没收财产。

携带凶器抢夺的，依照本法第二百六十三条的规定定罪处罚。

第二百六十九条　犯盗窃、诈骗、抢夺罪，为窝藏赃物、抗拒抓捕或者毁灭罪证而当场使用暴力或者以暴力相威胁的，依照本法第二百六十三条的规定定罪处罚。

第二百八十条第一款　伪造、变造、买卖或者盗窃、抢夺、毁灭国家机关的公文、证件、印章的，处三年以下有期徒刑、拘役、管制或者剥夺政治权利；情节严重的，处三年以上十年以下有期徒刑。

第三百二十九条第一款　抢夺、窃取国家所有的档案的，处五年以下有期徒刑或者拘役。

第三百七十五条第一款　伪造、变造、买卖或者盗窃、抢夺武装部队公文、证件、印章的，处三年以下有期徒刑、拘役、管制或者剥夺政治权利；情节严重的，处三年以上十年以下有期徒刑。

第四百三十八条　盗窃、抢夺武器装备或者军用物资的，处五年以下有期徒刑或者拘役；情节严重的，处五年以上十年以下有期徒刑；情节特别严重的，处十年以上有期徒刑、无期徒刑或者死刑。

盗窃、抢夺枪支、弹药、爆炸物的，依照本法第一百二十七条的规定处罚。

附2：最高人民法院关于审理抢劫案件具体应用法律若干问题的解释（2000年11月17日最高人民法院审判委员会第1141次会议通过法释〔2000〕35号）

为依法惩处抢劫犯罪活动，根据刑法的有关规定，现就审理抢劫案件具体应用法律的若干问题解释如下：

第一条　刑法第二百六十三条第（一）项规定的"入户抢劫"，是指为实施抢劫行为而进入他人生活的与外界相对隔离的住所，包括封闭的院落、牧民的帐篷、渔民作为家庭生活场所的渔船、为生活租用的房屋等进行抢劫的行为。

对于入户盗窃，因被发现而当场使用暴力或者以暴力相威胁的行为，应当认定为入户抢劫。

第二条　刑法第二百六十三条第（二）项规定的"在公共交通工具上抢劫"，既包括在从事旅客运输的各种公共汽车，大、中型出租车，火车，船只，飞机等正在运营中的机动公共交通工具上对旅客、司售、乘务人员实施的抢劫，也包括对运行途中的机动公共交通工具加以拦截后，对公共交通工具上的人员实施的抢劫。

第三条　刑法第二百六十三条第（三）项规定的"抢劫银行或者其他金融机构"，是指抢劫银行或者其他金融机构的经营资金、有价证券和客户的资金等。

抢劫正在使用中的银行或者其他金融机构的运钞车的，视为"抢劫银行或者其他金融机构"。

第四条　刑法第二百六十三条第（四）项规定的"抢劫数额巨

大"的认定标准，参照各地确定的盗窃罪数额巨大的认定标准执行。

第五条 刑法第二百六十三条第（七）项规定的"持枪抢劫"，是指行为人使用枪支或者向被害人显示持有、佩带的枪支进行抢劫的行为。"枪支"的概念和范围，适用《中华人民共和国枪支管理法》的规定。

第六条 刑法第二百六十七条第二款规定的"携带凶器抢夺"，是指行为人随身携带枪支、爆炸物、管制刀具等国家禁止个人携带的器械进行抢夺或者为了实施犯罪而携带其他器械进行抢夺的行为。

附 3：最高人民法院关于审理抢夺刑事案件具体应用法律若干问题的解释（2002 年 7 月 15 日最高人民法院审判委员会第 1231 次会议通过）

为依法惩治抢夺犯罪活动，根据刑法有关规定，现就审理这类案件具体应用法律的若干问题解释如下：

第一条　抢夺公私财物"数额较大"、"数额巨大"、"数额特别巨大"的标准如下：

（一）抢夺公私财物价值人民币五百元至二千元以上的，为"数额较大"；

（二）抢夺公私财物价值人民币五千元至二万元以上的，为"数额巨大"；

（三）抢夺公私财物价值人民币三万元至十万元以上的，为"数额特别巨大"。

第二条　抢夺公私财物达到本解释第一条第（一）项规定的"数额较大"的标准，具有下列情形之一的，可以依照刑法第二百六十七条第一款的规定，以抢夺罪从重处罚：

（一）抢夺残疾人、老年人、不满十四周岁未成年人的财物的；

（二）抢夺救灾、抢险、防汛、优抚、扶贫、移民、救济等款物的；

（三）一年以内抢夺三次以上的；

（四）利用行驶的机动车辆抢夺的。

抢夺公私财物，未经行政处罚处理，依法应当追诉的，抢夺数

额累计计算。

第三条　抢夺公私财物虽然达到本解释第一条第（一）项规定的"数额较大"的标准，但具有下列情形之一的，可以视为刑法第三十七条规定的"犯罪情节轻微不需要判处刑罚"，免予刑事处罚：

（一）已满十六周岁不满十八周岁的未成年人作案，属于初犯或者被教唆犯罪的；

（二）主动投案、全部退赃或者退赔的；

（三）被胁迫参加抢夺，没有分赃或者获赃较少的；

（四）其他情节轻微，危害不大的。

第四条　抢夺公私财物，数额接近本解释第一条第（二）项、第（三）项规定的"数额巨大"、"数额特别巨大"的标准，并具有本解释第二条规定的情形之一的，可以分别认定为"其他严重情节"或者"其他特别严重情节"。

第五条　实施抢夺公私财物行为，构成抢夺罪，同时造成被害人重伤、死亡等后果，构成过失致人重伤罪、过失致人死亡罪等犯罪的，依照处罚较重的规定定罪处罚。

第六条　各省、自治区、直辖市高级人民法院可以根据本地区经济发展状况，并考虑社会治安状况，在本解释第一条规定的数额幅度内，分别确定本地区执行的具体标准，并报最高人民法院备案。

附4：最高人民法院印发《关于抢劫、抢夺刑事案件适用法律若干问题的意见》的通知（法发［2005］8号）

各省自治区、直辖市高级人民法院，解放军军事法院，新疆维吾尔自治区高级人民法院生产建设兵团分院：

现将《最高人民法院关于抢劫、抢夺刑事案件适用法律若干问题的意见》印发，供参考执行。执行中有什么问题，请及时报告我院。

最高人民法院

二〇〇五年六月二十九日

最高人民法院关于审理抢劫、抢夺刑事案件适用法律若干问题的意见

抢劫、抢夺是多发性的侵犯财产犯罪。1997年刑法修订后，为了更好地指导审判工作，最高人民法院先后发布了《关于审理抢劫案件具体应用法律若干问题的解释》（以下简称《抢劫解释）和《关于审理抢夺刑事案件具体应用法律若干问题的解释》（以下简称《抢夺解释》）。但是，抢劫、抢夺犯罪案件的情况比较复杂，各地法院在审判过程中仍然遇到了不少新情况、新问题。为准确、统一适用法律，现对审理抢劫、抢夺犯罪案件中较为突出的几个法律适用问题，提出意见如下：

（二）关于"入户抢劫"的认定

根据《抢劫解释》第一条规定，认定"入户抢劫"时，应当注意以下三个问题：一是"户"的范围。"户"在这里是指住所，其特征表现为供他人家庭生活和与外界相对隔离两个方面，前者为功能特征，后者为场所特征。一般情况下，集体宿舍、旅店宾馆、临时搭建工棚等不应认定为"户"，但在特定情况下，如果确实具有上述两个特征的，也可以认定为"户"。二是"入户"目的的非法性。进入他人住所须以实施抢劫等犯罪为目的。抢劫行为虽然发生在户内，但行为人不以实施抢劫等犯罪为目的进入他人住所，而是在户内临时起意实施抢劫的，不属于"入户抢劫"。三是暴力或者暴力胁迫行为必须发生在户内。入户实施盗窃被发现，行为人为窝藏赃物、抗拒抓捕或者毁灭罪证而当场使用暴力或者以暴力相威胁的，如果暴力或者暴力胁迫行为发生在户内，可以认定为"入户抢劫"；如果发生在户外，不能认定为"入户抢劫"。

（二）关于"在公共交通工具上抢劫"的认定

公共交通工具承载的旅客具有不特定多数人的特点。根据《抢劫解释》第二条规定，"在公共交通工具上抢劫"主要是指在从事旅客运输的各种公共汽车，大、中型出租车，火车，船只，飞机等正在运营中的机动公共交通工具上对旅客、司售、乘务人

员实施的抢劫。在未运营中的大、中型公共交通工具上针对司售、乘务人员抢劫的，或者在小型出租车上抢劫的，不属于"在公共交通工具上抢劫"。

（三）关于"多次抢劫"的认定

刑法第二百六十三条第（四）项中的"多次抢劫"是指抢劫三次以上。

对于"多次"的认定，应以行为人实施的每一次抢劫行为均已构成犯罪为前提，综合考虑犯罪故意的产生、犯罪行为实施的时间、地点等因素，客观分析、认定。对于行为人基于一个犯意实施犯罪的，如在同一地点同时对在场的多人实施抢劫的；或基于同一犯意在同一地点实施连续抢劫犯罪的，如在同一地点连续地对途经此地的多人进行抢劫的；或在一次犯罪中对一栋居民楼房中的几户居民连续实施入户抢劫的，一般应认定为一次犯罪。

（四）关于"携带凶器抢夺"的认定

《抢劫解释》第六条规定，"携带凶器抢夺"，是指行为人随身携带枪支、爆炸物、管制刀具等国家禁止个人携带的器械进行抢夺或者为了实施犯罪而携带其他器械进行抢夺的行为。行为人随身携带国家禁止个人携带的器械以外的其他器械抢夺，但有证据证明该器械确实不是为了实施犯罪准备的，不以抢劫罪定罪；行为人将随身携带凶器有意加以显示能为被害人察觉到的，直接适用刑法第二百六十三条的规定定罪处罚；行为人携带凶器抢夺后，在逃跑过程中为窝藏赃物、抗拒抓捕或者毁灭罪证而当场使用暴力或者以暴力相威胁的，适用刑法第二百六十七条第二款的规定定罪处罚。

（五）关于转化抢劫的认定

行为人实施盗窃、诈骗、抢夺行为，未达到"数额较大"，为窝藏赃物、抗拒抓捕或者毁灭罪证当场使用暴力或者以暴力相威胁，情节较轻、危害不大的，一般不以犯罪论处；具有下列情节之一的，可依照刑法第二百六十九条的规定，以抢劫罪定罪处罚：

1. 盗窃、诈骗、抢夺接近"数额较大"标准的；

2. 入户或在公共交通工具上盗窃、诈骗、抢夺后在户外或交通工具外实施上述行为的；

3. 使用暴力致人轻微伤以上后果的；

4. 使用凶器或以凶器相威胁的；

5. 具有其他严重情节的。

（六）关于抢劫犯罪数额的计算

抢劫信用卡后使用、消费的，其实际使用、消费的数额为抢劫数额；抢劫信用卡后未实际使用、消费的，不计数额，根据情节轻重量刑。所抢信用卡数额巨大，但未实际使用、消费或者实际使用、消费的数额未达到巨大标准的，不适用"抢劫数额巨大"的法

定刑。

为抢劫其他财物，劫取机动车辆当作犯罪工具或者逃跑工具使用的，被劫取机动车辆的价值计入抢劫数额；为实施抢劫以外的其他犯罪劫取机动车辆的，以抢劫罪和实施的其他犯罪实行数罪并罚。

抢劫存折、机动车辆的数额计算，参照执行《关于审理盗窃案件具体应用法律若干问题的解释》的相关规定。

（七）关于抢劫特定财物行为的定性

以毒品、假币、淫秽物品等违禁品为对象，实施抢劫的，以抢劫罪定罪；抢劫的违禁品数量作为量刑情节予以考虑。抢劫违禁品后又以违禁品实施其他犯罪的，应以抢劫罪与具体实施的其他犯罪实行数罪并罚。

抢劫赌资、犯罪所得的赃款赃物的，以抢劫罪定罪，但行为人仅以其所输赌资或所赢赌债为抢劫对象，一般不以抢劫罪定罪处罚。构成其他犯罪的，依照刑法的相关规定处罚。

为个人使用，以暴力、胁迫等手段取得家庭成员或近亲属财产的，一般不以抢劫罪定罪处罚，构成其他犯罪的，依照刑法的相关规定处理；教唆或者伙同他人采取暴力、胁迫等手段劫取家庭成员或近亲属财产的，可以抢劫罪定罪处罚。

（八）关于抢劫罪数的认定

行为人实施伤害、强奸等犯罪行为，在被害人未失去知觉，利用被害人不能反抗、不敢反抗的处境，临时起意劫取他人财物的，应以此前所实施的具体犯罪与抢劫罪实行数罪并罚；在被害人失去知觉或者没有发觉的情形下，以及实施故意杀人犯罪行为之后，临时起意拿走他人财物的，应以此前所实施的具体犯罪与盗窃罪实行数罪并罚。

（九）关于抢劫罪与相似犯罪的界限

1. 冒充正在执行公务的人民警察、联防人员，以抓卖淫嫖娼、赌博等违法行为为名非法占有财物的行为定性。

行为人冒充正在执行公务的人民警察"抓赌"、"抓嫖"，没收赌资或者罚款的行为，构成犯罪的，以招摇撞骗罪从重处罚；在实施上述行为中使用暴力或者暴力威胁的，以抢劫罪定罪处罚。行为人冒充治安联防队员"抓赌"、抓嫖"，没收赌资或者罚款的行为，构成犯罪的，以敲诈勒索罪定罪处罚；在实施上述行为中使用暴力或者暴力威胁的，以抢劫罪定罪处罚。

2. 以暴力、胁迫手段索取超出正常交易价钱、费用的钱财的行为定性。

从事正常商品买卖、交易或者劳动服务的人，以暴力、胁迫手段迫使他人交出与合理价钱、费用相差不大钱物，情节严重的，以强迫交易罪定罪处罚；以非法占有为目的，以买卖、交易、服务为幌子采用暴力、胁迫手段迫使他人交出与合理价钱、费用相差悬殊的钱物的，以抢劫罪定罪处刑。在具体认定时，既要考虑超出合理

价钱、费用的绝对数额，还要考虑超出合理价钱、费用的比例，加以综合判断。

3. 抢劫罪与绑架罪的界限。

绑架罪是侵害他人人身自由权利的犯罪，其与抢劫罪的区别在于：第一，主观方面不尽相同。抢劫罪中，行为人一般出于非法占有他人财物的故意实施抢劫行为，绑架罪中，行为人既可能为勒索他人财物而实施绑架行为，也可能出于其他非经济目的实施绑架行为。第二，行为手段不尽相同。抢劫罪表现为行为人劫取财物一般应在同一时间、同一地点，具有"当场性"。绑架罪表现为行为人以杀害、伤害等方式向被绑架人的亲属或其他人或单位发出威胁，索取赎金或提出其他非法要求，劫取财物一般不具有"当场性"。

绑架过程中又当场劫取被害人随身携带财物的，同时触犯绑架罪和抢劫罪两罪名，应择一重罪定罪处罚。

4. 抢劫罪与寻衅滋事罪的界限。

寻衅滋事罪是严重扰乱社会秩序的犯罪，行为人实施寻衅滋事的行为时，客观上也可能表现为强拿硬要公私财物的特征。这种强拿硬要的行为与抢劫罪的区别在于：前者行为人主观上还具有逞强好胜和通过强拿硬要来填补其精神空虚等目的，后者行为人一般只具有非法占有他人财物的目的；前者行为人客观上一般不以严重侵犯他人人身权利的方法强拿硬要财物，而后者行为人则以暴力、胁迫等方式作为劫取他人财物的手段。司法实践中，对于未成年人使用或威胁使用轻微暴力强抢少量财物的行为，一般不宜以抢劫罪定罪处罚。其行为符合寻衅滋事罪特征的，可以寻衅滋事罪定罪处罚。

5. 抢劫罪与故意伤害罪的界限。

行为人为索取债务，使用暴力、暴力威胁等手段的，一般不以抢劫罪定罪处罚。构成故意伤害等其他犯罪的，依照刑法第二百三十四条等规定处罚。

（十）抢劫罪的既遂、未遂的认定

抢劫罪侵犯的是复杂客体，既侵犯财产权利又侵犯人身权利，具备劫取财物或者造成他人轻伤以上后果两者之一的，均属抢劫既遂；既未劫取财物，又未造成他人人身伤害后果的，属抢劫未遂。

据此，刑法第二百六十三条规定的八种处罚情节中除"抢劫致人重伤、死亡的"这一结果加重情节之外，其余七种处罚情节同样存在既遂、未遂问题，其中属抢劫未遂的，应当根据刑法关于加重情节的法定刑规定，结合未遂犯的处理原则量刑。

（十一）驾驶机动车、非机动车夺取他人财物行为的定性

对于驾驶机动车、非机动车（以下简称"驾驶车辆"）夺取他人财物的，一般以抢夺罪从重处罚。但具有下列情形之一，应当以抢劫罪定罪处罚：

1. 驾驶车辆，逼挤、撞击或强行逼倒他人以排除他人反抗，乘机夺取财物的；

2. 驾驶车辆强抢财物时，因被害人不放手而采取强拉硬拽方法劫取财物的；

3. 行为人明知其驾驶车辆强行夺取他人财物的手段会造成他人伤亡的后果，仍然强行夺取并放任造成财物持有人轻伤以上后果的。

附5：最高人民法院、最高人民检察院、公安部、国家工商行政管理局关于依法查处盗窃、抢劫机动车案件的规定（1998年5月8日公通字〔1998〕31号）（摘录）

二、明知是盗窃、抢劫所得机动车而予以窝藏、转移、收购或者代为销售的，依照刑法第三百一十二条的规定处罚。

对明知是盗窃、抢劫所得机动车而予以拆解、改装、拼装、典当、倒卖的，视为窝藏、转移、收购或者代为销售，依照刑法第三百一十二条的规定处罚。

三、国家指定的车辆交易市场、机动车经营企业（含典当、拍卖行）以及从事机动车修理、零部件销售企业的主管人员或者其他直接责任人员，明知是盗窃、抢劫的机动车而予以窝藏、转移、拆解、拼装、收购或者代为销售的，依照刑法第三百一十二条的规定处罚。单位组织实施上述行为的，由工商行政管理机关予以处罚。

四、本规定第二条和第三条中的行为人事先与盗窃、抢劫机动车辆的犯罪分子通谋的，分别以盗窃、抢劫犯罪的共犯论处。

五、盗窃、抢劫机动车案件，由案件发生地公安机关立案侦查，赃车流入地公安机关应当予以配合。跨地区系列盗窃、抢劫机动车案件，由最初受理的公安机关立案侦查；必要时，可由主要犯罪地公安机关立案侦查，或者由上级公安机关指定立案侦查。

第九章

面对恶行不能纵容

几种不和谐的音符

法律保护见义勇为

如何与盗贼作斗争

见义勇为，语出《论语·为政》："见义不为，无勇也。"意即遇见正义的事情应该挺身而出，奋勇去做，而不能袖手旁观、不闻不问。见义勇为是人类在特殊时刻所表现出的特殊精神与品格，它是时代的呼唤，是维护社会治安的重要保证。作为一个受法律保护的公民，有权利也有义务见义勇为，自觉维护社会治安。

一、几种不和谐的音符

（一）少管闲事

有则故事，说的是小孩跟父亲上街，在公共汽车上，小孩告诉父亲："有个小偷偷人家钱包。"父亲骂曰："别管闲事！"下车后，小孩告诉父亲："你的钱包也被偷了。"父亲哑然。

无独有偶，笔者曾接触这样一件事：某地连续发生"白日闯"盗案，由于种种原因久侦未破。一天，民警听说村民张某曾目击盗贼盗窃，便于当晚前往张某家进行询问。然而张某却矢口否认。不料数日后，张家不幸被盗。张某这才幡然悔悟，一五一十主动道出前案目击嫌疑人作案的经过。经民警查证，挖出了盗贼，破案10余起，于是该地区平安如初。

以上两例乃同条共贯。它说明世上没有安全岛，各守门户只能被各个击破；帮助别人，也就是帮助自己。在我们的人生道路上，搬开别人脚下的绊脚石，有时恰恰是为自己铺路。

（二）"私了"现象

此处"私了"是指有关当事人对盗贼的犯罪行为不通过法律途

径交由公安机关处理，而是私下由当事人双方或通过中间人进行了结的非法活动。

"私了"现象大多发生在偏僻的农村地区。造成"私了"的原因多种多样，主要有以下几种：一是事主法制观念淡薄，往往碍于人情、面子，为保护对方的名声，或出于同情、怜悯，使对方免受刑事、行政处罚而接受私了；二是当事人受物质利益的驱动而主动提出私了，甚至有的以告发相要挟，向犯罪嫌疑人或其家属索要金钱或物质"赔偿"；三是当事人慑于威胁或权势，不敢声张、告发而被迫接受私了。

【案例1】一天深夜，两名男青年潜入陈某家盗窃。异常响动惊醒了陈某夫妇，两名窃贼束手就擒。陈妻决定将两人扭送派出所。此时两名窃贼跪倒在地苦苦哀求，并声称自己有难言之隐，不得已才第一次偷盗。陈某见状便劝妻子手下留情。两名窃贼千恩万谢，从容离去。第二天早晨，自以为做了"善事"的陈某一觉醒来，发现挂在墙上包及衣服内的5000元现金不翼而飞，这才追悔莫及。

【案例2】某日晚，刘某在撬窃一辆自行车时，被车主董某发现并被当场抓获。董某提出赔200元私了，刘某被迫同意，并当即付给了部分现金。在此后的10多天里，董某伙同他人多次敲诈刘某现金1600余元。后因一次敲诈未能得手，董某等人怀恨在心，将刘某及其女友推上一辆出租车劫持而去。

从以上案例足以看出，"私了"后患无穷：一是有些事主向犯罪嫌疑人一方敲诈勒索钱财而使自己由受害者变为违法犯罪人；二是失去了公安机关及时开展侦查为事主挽回经济损失的有利战机；三是使盗贼逍遥法外，继续侵害他人，有的盗贼的犯罪活动会更加猖獗，给社会造成更大的危害。

（三）"东郭先生"

东郭先生为救一条受伤后逃窜的狼而反受其害，教训深刻。然而现实生活中的"东郭先生"并未绝迹，并在上演着一幕幕拙劣的闹剧。

【案例】 有一歹徒持刀窜入医院病房行窃时被人发现，伤人后逃跑。当地派出所民警接到报案后，迅速赶到现场展开搜索。民警在群众的配合下循迹查到了崔某的住处，当即向崔某讲明了情况，要其予以配合并开门接受检查，但遭到崔某的拒绝。后来，经民警耐心细致地教育，崔某才不得已道出实情：20多分钟前，有一个年轻人慌慌张张跳进他的院中，"扑通"一声跪在地上，请求帮他躲一下，崔某看他可怜兮兮的样子，不问青红皂白就"成全"了他，并把他藏在屋内床下……最终，那名歹徒被抓获后交代了盗窃行凶的犯罪事实，而崔某也因窝藏犯罪嫌疑人被刑事拘留。此时，崔某才意识到问题的严重性。不无感叹地说："只知道替人消灾避难，谁知竟犯了法，真是后悔莫及啊。"

（四）哥们儿义气

青少年情绪不稳定，自我控制的能力较差。有些青少年受哥们儿义气毒害，崇尚"为了朋友可以两肋插刀"，甚至参与犯罪或包

庇、帮助犯罪，为盗贼窝赃、销赃、毁证，走上违法犯罪的道路。

【案例】一天晚上，张某伙同赵某窜至某单位，盗走保险柜等物。他们将赃物运至暂住房屋内，被同乡李某发现。李某在明知保险柜系盗窃所得的情况下，仍帮助张某等人将保险柜扔至河中，并因此获得赃款 350 元。李某虽然没有直接参与盗窃犯罪，但积极帮助毁灭犯罪证据。根据我国《刑法》第 307 条第 2 款的规定，李某犯了帮助毁灭证据罪，受到了法律的惩罚。

（五）自认倒霉

有的当事人被盗后持"破财消灾"的消极心理，自认倒霉而不报案。

【案例】某地查获一个专在公共汽车上扒窃的 3 人团伙。据交代，3 人在几天时间里共扒窃作案 10 余次，窃得现金 5000 余元，但当事人中报案的仅有 5 人，公安机关经报刊、电台等媒体的宣传，又找到数名事主，最后只能把找不到的当事人的那部分赃款上交国库，对 3 名盗贼也只能按查实的案件定罪量刑。这既使一些当事人所受的经济损失无法得到补偿，同时也无形中减轻了犯罪分子应得的惩罚，这些当事人是以自己的"牺牲"帮了盗贼的大忙。

（六）"软骨症"

面对盗贼，有的事主低三下四，甚至"反主为客"、跪地求饶；面对反扒民警，少数当事人的行为让人"哀其不幸，怒其不争"。

例如，有的出于某种原因，明知被扒，却矢口否认钱物是自己的；有的当时承认了，在随反扒民警去公安机关的路上又悄然离开或借故溜走；更有甚者，反扒民警冒着生命危险与穷凶极恶拒捕反抗的扒手搏斗，事主却在一旁袖手旁观……

还有一些人存在一种误解，认为维护社会治安是警察的事，与己无关，只要自己的利益和安全不受到威胁，便采取不闻不问的态度；更多的人担心见义勇为可能会受到伤害，于是能躲则躲。在这种思想的支配下，社会上上演了一幕幕一人勇斗歹徒、百人袖手旁观的悲剧。

所以，当我们在抱怨社会治安如何不尽如人意时，是否能扪心自问：自己在其中究竟扮演了什么角色？发挥了多少正面的作用？在同歹徒的斗争中，一个人的力量也许微不足道，但如果每个人都具有强烈的社会责任感和勇担风险的牺牲精神，积极行动起来，使全社会形成疾恶如仇、"老鼠过街，人人喊打"的氛围，那么犯罪分子就会感受到巨大的震慑力，社会治安就会有根本性的好转。

（七）贪财购赃

某地曾发生一件因贪图便宜、购买赃物后竟发现系自家物品的事情，叫人哭笑不得。

【案例】臧某系解除劳教人员，一次无意中发现一家美容用品商店的仓库设在某旅社内，且无人看守。臧某便先后6次潜入该旅店内，窃得仓库内各种品牌的洗发水、摩丝等物品，总价值8000余元。胆大妄为的臧某在盗窃之后，竟把赃物以低价再卖给失主。而

粗心的失主因贪图便宜，又将自己的部分被盗物品买了回来。直到月底，失主到仓库取货时才发现货物被盗。公安民警根据线索将臧某抓获归案。

低价购赃现象在一些地方较为普遍，有些城郊结合部甚至成了销售赃物（尤其是被盗车辆）的专业村，这实际上支撑、助长了盗窃行为，强化了盗贼的贪婪心理，使其盗窃、销赃有恃无恐，危害十分严重。因此，我国《刑法》第312条规定了掩饰、隐瞒犯罪所得、犯罪所得收益罪，即明知是犯罪所得的赃物而予以窝藏、转移、收购或代为销售的，处三年以下有期徒刑、拘役或者管制，并处或单处罚金。

根据有关规定，对买主确知是赃物而购买的，应将赃物无偿追回予以没收或退还失主。

（八）请"神"问"仙"

失窃后不报案，而是求"神"问"仙"，或"疑邻盗斧"、胡乱猜忌，这种现象虽不多见，但危害极大。

【案例1】胡某家失窃现金，胡某便怀疑是同事韦某所为，便在上班时间指桑骂槐地谩骂韦某"强盗"、"小偷"，两人遂发生了口角。一年后两人均下岗，偶尔见面时胡某又公开骂韦某是"强盗"、"小偷"，并在韦某的邻居中散布韦某"偷钱"的言论。此后，两人再一次相遇，胡某又当众辱骂韦某偷钱，韦某忍无可忍诉至法院。法院经审理认为，胡某的言论已损害了韦某的人格及名誉，构成对韦某名誉的侵犯，遂依法作出"胡某停止侵害，并赔偿韦某精神抚

慰金"的判决。

【案例2】某地还曾因无端猜忌而引发一起命案：邹某发现放在家中的 1400 元现金被盗，怀疑是朋友刘某所为，于是请来一位"仙人"指点。"仙人"让邹某将常来家玩的人的姓名写在纸上，组成一个圈，由邹某拿一把斧头在中间旋转，待斧头停下来后指向谁的名字，谁就是小偷。这样反复 3 次，斧头都指向刘某的名字。之后，邹某便据此多次向刘某要钱，刘某矢口否认。当最后一次邹某又到刘某家索要钱时，刘某一怒之下用刀将邹某杀死。

应当指出的是，只要不是故意捏造和公开扩散，事主及其他群众向公安机关反映破案线索和嫌疑人员的情况是完全正当合法的行为，与胡乱猜忌、侵害他人名誉是两码事，提供人会受到公安机关的保护、保密甚至奖励。

（九）私自"执法"

少数当事人抓获窃贼后，不是及时将其扭送到当地公安机关，而是私设"公堂"，对其殴打解恨，造成伤害甚至死亡的后果。个别当事人还对嫌疑人员进行非法拘禁、"调查取证"，从而走上犯罪的道路。

【案例】某地农民常某家 2 万元存折失窃后被冒领，常某怀疑是邻居欧某所为，便将此事告诉朋友段某，要其帮忙"搞定"。一天下午，常某将欧某诱至家中非法关押，在拳头和棍棒面前，欧某被迫承认与尚某、王某及秦某三人共同盗窃存折的"犯罪事实"。常

某段两人于是又纠集多人分别将尚某、秦某强行带到一处看鱼棚和常家中进行"讯问"，并用录音机录下两人的供词。次日，常某又将王某关押，并拿着"供词"到当地派出所报案。派出所查明事情真相后，将欧某等4人解救了出来，并把常、段两人"请"进了看守所，后两人分别被法院以非法拘禁罪判刑。

我国刑事诉讼法规定，凡未经人民法院审判、被确认有罪的人都不等于是罪犯；我国刑法处罚偷盗，但这并不意味着任何人都可以随意处罚盗贼，盗贼也是人，其人身和人格也受法律保护。

（十）"以牙还牙"

有些事主失窃后，产生冤屈和不平衡的心理，也将手伸向社会，从而由受害者变为害人者。较为常见的是有的人自行车被盗后，也反过来窃取他人的车辆。他们对自己的行为往往心安理得，殊不知，这种行为本身就是一种违法犯罪行为。现实生活中，甚至有极少数人在尝到"甜头"后一发而不可收，大大在犯罪的泥潭里越陷越深。

【案例】朱某筹资开办了一家游戏机室，谁知好景不长，遭梁上君子光顾，电脑部件被悉数盗走，朱某只得无奈地关门歇业。

为了"重整旗鼓"，两个多月后的一天晚上，朱某伙同无业人员李某窜至某开发区一家游戏机室，对店主提出"包夜"。次日凌晨，朱、李两人乘店主熟睡之机，迅速将游戏机内的电脑部件拆下藏在衣服里，并将游戏机恢复原状，然后唤醒店主，让其开门后大摇大摆地离开。两人走后，店主发现游戏机竟成了一只只空壳，连

忙与朋友"打的"追赶，并将两人扭送至派出所。

二、法律保护见义勇为

见义勇为是中华民族的传统美德。为鼓励公民见义勇为，国家成立了见义勇为基金会，对见义勇为者予以表彰、奖励。1998 年，全国还评出首届"见义勇为十大英雄"。

目前，很多省、市制定了有关见义勇为的条例、条文，对见义勇为行为进行鼓励、保护和支持。如《北京市见义勇为人员奖励和保护条例》；江苏省于 1995 年 6 月施行、2009 年 5 月修订的《奖励和保护见义勇为人员条例》规定：县级以上地方人民政府根据见义勇为人员的表现和贡献，可给予"嘉奖、记功、授予荣誉称号、发给资金"等单项或多项奖励；由省人民政府批准授予"见义勇为英雄"称号者，可享受省劳动模范待遇。该条例还对见义勇为者的保护作了具体的规定：一是各级公安、司法机关对需要保护的见义勇为人员及其家属，应当采取有效措施加以保护，对行凶报复见义勇为人员及其亲属的违法犯罪行为，依法从重处罚；二是对见义勇为负伤人员，医疗机构和有关单位应当及时组织抢救和治疗，不得以任何理由拒绝或拖延治疗；三是见义勇为人员负伤致残或者牺牲的，符合享受工伤、医疗保险条件的人员按工伤、医疗保险规定执行；四是见义勇为人员治疗期间的工资、奖金、福利待遇不变；五是获得县级以上人民政府见义勇为荣誉称号的人员，在同等条件下，享有就业、入学、入伍等优先权。另外，条例对见义勇为受伤

致残的职工或无固定收入人员的基本生活来源作了具体规定。据悉，在社会各界的支持下，到 2011 年 6 月，该省的见义勇为基金已超 13 亿元。

为鼓励公民见义勇为积极同违法犯罪行为作斗争，我国刑法第 20 条规定："为了使国家、公共利益、本人或者他人的人身、财产和其他权利免受正在进行的不法侵害，而采取的制止不法侵害的行为，对不法侵害人造成损害的，属于正当防卫，不负刑事责任。""对正在进行行凶、杀人、抢劫、强奸、绑架以及严重危及人身安全的暴力犯罪，采取防卫行为，造成不法侵害人伤亡的，不属于防卫过当，不负刑事责任。"

法律保护公民的正当防卫权利，不仅可以鼓励广大人民群众勇敢地同犯罪分子作斗争，而且是对一切犯罪分子的警告：谁胆敢为非作歹，受害者和任何在场的群众都有权进行防卫，这是法律所许可和支持的。

公民在行使正当防卫权利时，需要注意正当防卫的五个构成条件：

一是必须是为了使国家、公共利益、本人或他人的人身、财产和其他权利免受不法侵害而实施的。这种不法侵害可能是针对国家、集体的，也可能是针对个人的；既可能是针对本人，也可能针对他人。

二是必须有不法侵害行为发生，如犯罪分子入室盗窃遇见事主时持刀行凶（此时案件的性质已转变为抢劫）。

三是必须是针对正在进行的不法侵害，而不是尚未开始的或已经实施终了的。

四是正当防卫必须是针对不法侵害者本人实施，给其造成一定的损害，以阻止其侵害行为，而不能对没有实施侵害行为的其他人员实施防卫。

五是不能明显超过必要限度造成重大损害，但遇有行凶、杀人、抢劫、强奸、绑架等暴力性犯罪时除外。由于"防卫过当"是不法侵害所引起，是针对不法侵害者正在进行的不法侵害施行的，所以我国刑法规定"应当减轻或者免除处罚"。

国家用法律手段支持和鼓励见义勇为，突破了以往用道德杠杆对见义勇为者进行褒奖的局限性。与此同时，一些有识之士已经提出为"见危（死）不救"立法，他们认为光靠社会道德、政策倾斜、领导呼吁是不够的，唯有法律才具有强制性、普遍性和稳定性；支持和鼓励见义勇为与反对和惩罚见危不救是一致的，两者是一个问题的两个方面，只有这两个方面同时进行，才能更有效地达到预期目的。目前，我国法律中有关惩处"见危不救"的规定，除了对人民警察等负有特定义务的人员外，法律还没有普遍的约束力，因此，制定一个具有普遍约束力的惩处"见危不救"的法律规范势在必行，应该引起立法部门的高度重视。

我们相信，随着我国法制的逐步健全，社会上见义勇为者将越来越多，我们的社会也将更加安宁。

三、如何与盗贼作斗争

1. 发现盗贼正在作案或作案后逃跑，应沉着冷静，客观分析，

拖延时间，以待有利时机设法逃脱；也可以利用物体的碰撞、碎裂发出的异常声响达到报警的目的。例如，可采用推倒橱柜、打碎花瓶、砸坏窗玻璃等方法引起邻居及路人的注意。当遇到团伙作案时，可以利用犯罪分子人多心杂的特点，抓住其中态度和行为消极的从犯做分化瓦解工作，以影响其他案犯放弃犯罪或减轻犯罪程度。在自卫过程中，要善于利用犯罪分子作案时的恐惧心理，从心理上战胜对方。要尽最大努力，以最大限度地减轻自己的伤害。

（1）在自己完全有能力战胜对方的情况下，忌在歹徒面前表现出惊恐和手足无措，这样反而会助长其嚣张气焰。须知，坏人总是色厉内荏的，其表面的凶狂正是本质虚弱的表现。

据一名盗贼交代，有一次他在某宿舍楼撬开一家的大门准备盗窃时，发现主人在家，当时楼道上也有人走动，他以为这家主人定会大喊大叫，那就完了。但出乎意料的是那人并没有吱声，这使他的胆子大了许多。过了几天，他又返回那栋楼偷了两家。

（2）对熟识的盗贼，可动之以情、晓之以理，并视情制造适当的台阶，让其离开后再报警。切忌现场纠缠，防止其杀人灭口。

（3）作为旁观者，发现盗贼正在作案或作案后逃跑时，应主动与失主、群众一起追堵、抓获。某地曾发生一件众人捉贼的感人故事：夏女士走在路上时，被两名小偷尾随，其中一个用手拉开夏女士背包的拉链盗走一个钱包。这一切恰被马路对面一位骑车的男子看得真切。该男子急忙告知夏女士，并主动用自行车带夏女士追赶小偷，但未找到。夏女士估计小偷可能还会出现，便和朋友到公交站寻找，果然发现了其中一个。夏女士大喊"抓小偷"，并勇敢地冲上去，路过此处的群众也纷纷闻讯追赶，终将小偷抓获。市民们以实际行动共谱了一曲正义之歌。

2. 反扒民警与扒手进行搏斗时，失主及群众应积极协助配合，共同制服扒窃分子。需要注意的是，有些扒手在其丑行败露后，往往以刀片划伤头部、腹部，或以吞食铁钉等方法自残，有的女贼甚至装疯卖傻或上演脱衣丑剧企图得到路人同情，达到逃避惩罚的目的。遇此情况绝不能心慈手软，不要为"苦肉计"所迷惑。

【案例】一名窃贼盯住刚从银行取款出来的一位市民，趁其不备偷走放钱的皮夹，谁知这一情景恰被反扒民警目睹。一番追逐后，窃贼眼看被抓住，便一边扔掉皮夹，一边用刀片划脸，顿时血流满面，于是便诬称民警打人。一些围观群众不明真相，也纷纷指责民警，甚至有个别不法之徒乘机起哄。正当民警有口难辩，窃贼正欲脱身之机，失主及时赶到，说明情况。窃贼见诡计戳穿，只好束手就擒。

还有一些盗贼在罪行败露后采用"贼喊抓贼"的伎俩，企图转移人们的视线，也值得人们的警惕。

当你发现扒手现行作案时，要注意适时捉拿，人赃俱获，既要胆大，又要心细稳妥，沉着冷静，不要急于求成，避免造成被反咬一口的被动局面。

3. 服务行业是盗贼，尤其是流窜作案的犯罪分子落脚藏身和销赃的重要处所，服务行业的工作人员一旦发现形迹可疑人员应一面设法稳住对方，一面立即与当地公安机关联系。应注意：

（1）典当、寄卖行业已成为盗贼销赃的重要渠道和途径，当服

务人员发现典当人、寄卖人不能准确说清所典当、寄卖物品的品牌、性能、价格，或所典当的物品报价明显低于实际价格，典当人、寄卖人说话吞吞吐吐、前后矛盾时；

（2）银行营业员发现取款人神色慌张、左顾右盼，所持存单与其身份明显不符或报不出存单密码时；

（3）旅馆、休闲业是流窜作案的犯罪分子藏身的重要场所，服务员除了加强内部管理外，应认真审查、登记住客身份证，发现持证人相貌与照片、持证人口音与身份证地址明显不符时，可先行安排其住宿，同时向辖区派出所报警。

【案例】2010年6月16日下午，一名外地男子手提旅行箱，投宿杭州某宾馆，总台服务员在办理登记时，发现该男子身份证有假，便不动声色地安排其入住，然后迅速向派出所报警，派出所民警在3分钟内赶到宾馆。此时，那名男子正在房间焚烧银行的金库票据，民警们随即对此人进行盘查，当场查获109.7万元现金和3张身份证。经审讯，此人供认自己的真名叫董某，系某银行的经济民警。6月15日晚上，董某利用在银行金库工作之便，从金库盗窃人民币130万元。此案从犯罪分子作案到落网，前后不到30小时（此时被盗单位还蒙在鼓里，不知被盗一事），多亏旅馆服务员的智勇。

此外，对手续齐备但昼伏夜行、行踪诡秘的旅客的情况，应及时向公安机关报告；对住店后不久突然退房或不辞而别的旅客，应及时查看其房间内的其他旅客有无异常，发现疑点立即报警。

（4）司乘人员、营业员是公交车辆上和商场（店）内防扒的重要力量，当发现可疑人员在车上或柜台前转悠时，可用适当言语提醒乘（顾）客加以提防；发现扒手正在行窃时，可采取有力措施与乘（顾）客一起将其人赃俱获，扭送公安机关处理。在这方面，社会上曾涌现出一例英勇感人的事迹。

【案例1】一辆"中巴"载着昏昏欲睡的乘客从绵阳开往成都。两个男子却在车内东张西望地来回走动。正当车后部的男子将手伸向一位熟睡的乘客上衣口袋时，司机突然连续急刹车，使车身剧烈抖动，乘务员同时大吼一声，扒手顿时吓得瘫倒在地，右手食指被手中行窃用的刀片划得鲜血直流，而前面望风的男子也来了个"狗吃屎"，扑倒在引擎盖的行李包上。

【案例2】某日上午，北京116路公交车上。当时乘客较少，前车门售票员忽然走向后车门售票员，压低声音对同伴说："前面有个小偷，正偷一个女孩的包，拉链都打开了，我捅了女孩几下，她都没有反应，你看怎么办。"后车门售票员小声说："抓，抓他个正着。"旁边几位乘客也点头示意表示赞同。一张无形的网在乘客和乘务员的默契下形成了。

几分钟后，汽车停站之际，前台售票员突然大喊一声："别开门，车上有小偷，请大家配合，先别下车。"刹那间，车厢里沸腾起来，众人围上前去包围了一个穿皮夹克的外地男青年。车厢前后，有两位男士同时掏出手机拨打"110"报警，有几位女士当即对"皮夹克"进行数落。此时，"皮夹克"在众人威慑下，一边装聋作哑，一边颤抖地把一个钱包、一部手机塞回到姑娘的挎包内。几分钟后，一辆警车驶来，公安民警将扒手押解而去。

有时在行车途中，乘客发现失窃，如果确认扒手和失窃物品仍在车上，司乘人员可将汽车开到就近的公安机关。如果有人强行下车，应予阻拦。

有位女士曾向笔者讲述这样一件事：一次，她去一家商店购物，正在柜台前挑选商品时，女营业员却突然要其"先付款"，让其不解。就在她下意识地将手放在装钱的裤子口袋时，猛然触摸到另一只手，回头望去，只见一名男子从身边急速开溜，她顿时恍然大悟，明白了营业员的良苦用心！

在此顺作提醒，当你乘车或购物，乘务员或营业员要你"朝里走"，说你"钱不够"时，说不定就是对你的一种紧急暗示，这时你一定要多加小心！

（5）出租车司机工作时间长、活动范围广、接触人员复杂，一旦发现神色慌张或携带可疑物品的乘客，应不动声色，通过打开"双跳灯"甚至故意违章等方式，引起执勤民警的注意，协助抓获嫌疑人员。

【案例】刘某和董某均是聋哑人，家在黑龙江。这天上午，他们来到某市一家电信营业厅。刘某以零钱换一张"A66"开头的百元钞票为由骗取营业员的信任，借机在营业款中翻找。与此同时，董某来到柜台向营业员提出其他业务要求，趁营业员没觉察，刘某迅速从营业款中偷走5600元，随后两人离开营业厅，准备"打的"逃离。

上了出租车后，"的姐"见两人神色慌张，又没带行李，便提高了警觉。车至扬中大桥时，她见有警察设卡，便故意打开"双跳灯"，减速慢行。随后，警察拦下车辆进行盘查，成功抓住两名犯罪嫌疑人。

公民应积极向公安机关提供破案的线索。犯罪分子总是生活、活动在群众之中，不管他们作案的方法多么隐蔽、手段多么狡猾，都不能完全避开广大群众的耳目，总会留下蛛丝马迹。因此，依靠群众是侦察破案的前提和基础，是公安机关同刑事犯罪作斗争的强大力量源泉。作为公民，虽然没有侦察破案的义务和权利，但却有提供破案线索的义务和责任。

我国《刑事诉讼法》第48条规定："凡是知道案件情况的人，都有作证的义务。生理上、精神上有缺陷或者年幼，不能辨别是非、不能正确表达的人，不能作证人。"

由此可见，我国法律规定的证人，除上述第2款规定的以外，任何公民，不论其社会地位、职务高低和性别、健康状况如何，只要知道案情，就有下列作证的义务：有受司法机关通知到场的义务，有据实陈述和正确回答司法机关提出的问题的义务，对司法机关询问的情况和本人陈述的内容有保守秘密的义务。同时，证人不得以任何借口拒绝作证。证人证言是正确办理刑事案件的重要证据，因此，证人必须客观、如实地向侦查人员和法庭提供证言，如果有意作伪证或者隐匿罪证，欺骗司法机关，影响司法机关的侦查和审判活动的正常进行，就触犯了刑律，应当负刑事责任。我国刑法第305条规定："在刑事诉讼中，证人、鉴定人、记录人、翻译人对与案件有重要关系的情节，故意作虚假证明、鉴定、记录、翻译，意图陷害他人或者隐匿罪证的，处三年以下

有期徒刑或者拘役；情节严重的，处三年以上七年以下有期徒刑。"那么，公民应向公安机关提供哪些方面的破案线索呢？

（1）案发时间内在盗窃现场附近转悠、出现的嫌疑人线索。

（2）嫌疑人逃离现场的线索，包括逃出现场的方法（从门、从窗、用绳索系下等）、逃离现场的方法（驾车、骑自行车、骑摩托车、乘出租车、步行等）、逃离现场的方向、逃离现场的人数、逃离现场时携带的物品、嫌疑人的体貌特征；其他如嫌疑人有无受伤、讲话的内容和口音等。

（3）盗案发生后，嫌疑人神色反常的线索，如神情紧张、回避议论相关话题等。

（4）嫌疑人所持物品和其身份、经济条件不符的线索，如：经济条件较差的人突然拥有汽车、摩托车，嫌疑人或其家属戴金挂银等。

（5）嫌疑人暴富、奢侈消费的线索，如突然砌房造屋、室内装潢、偿还大笔欠款，无固定职业的人经常游山玩水、抽高档香烟、穿名牌服饰、经常出入休闲中心和舞厅等。

（6）嫌疑人身边物品与案件被盗物品相同或相似的线索。

（7）低价销售物品或出售与本人身份、职业不符的物品的线索。

（8）嫌疑人具备某些作案条件的线索。

参考书目

1. 万鹏飞、王贤乐、王进主编：《社区居民安全手册》，中国社会出版社 2009 年版。

2. 丁庭柱主编：《居民安全防范全攻略之防抢篇》，群众出版社 2012 年版。

3. 丁庭柱主编：《居民安全防范全攻略之防盗篇》，群众出版社 2012 年版。

4. 崔钟雷主编：《安全自救 300 招》，吉林美术出版社 2012 年版。

5. 苏凝著：《我的第一本安全手册：自我保护篇》，东方出版社 2012 年版。